マキノの庭のミツバチの国

尼川タイサク

西日本出版社

ミツバチBee子の〝ものろーぐ〟

飼い主さんってどんなヒト？

犬のきもちがわかるというバウリンガルがひところ話題になった。猫にはミャウリンガルがある。そんな翻訳機がミツバチにあれば、わが庭に飼っているミツバチたちは、何を語ってくれるだろうか。

――蜂語翻訳機ビーリンガル
マスター作動〝オン！〟

え？　私たちを飼ってるって？　それはT作さんの勝手な思いこみじゃないの。私たち、ちゃんと働いて食糧は外から運び込むし、気に入らなければ、自由に引っ越ししますもの。

T作さんはどんな人かって？　夫婦で神戸からマキノに移住してきたの。なんでも大学で30年以上〝生き物学〟（生物学）を教えてたらしいわよ。

ハエが一番のお気に入りで、餌の砂糖水をどうやってキャッチするのかがテーマだって。ハエの口髭を取り出して電極をあてて、〝神経パルス信号が捕まった！〟とか喜んでいたそうだけど、ハエさんにとってはいい迷惑だったでしょう。お気の毒に……。

T作さんの子供時代は、きっと昆虫少年って思うけど、虫より組み立てるものが好きだったそうよ。積み木の城、プラモデル、ラジオは鉱石ラジオから短波無線機まで。逆に時計はバラバラに分解するとか。要するに、簡単なパーツが寄り集まって高度な働きをするのがすっごく面白いみたい。生き物への関心もそれと同じノリなんだって。変わってる！

――話は最近のことに及ぶ。

ある時のこと、冬に入りかけて花がほとんどなく花蜜が採りにくいころだったわ。T作さんが私たちの巣箱の前で変な動きをしていたの。サザンカの花が沢山咲いているところを見つけて、私たちに知らせたかったらしいわ。私たちがやるように8の字型にお尻を振って、きっとその場所と距離を教えるつもりだったのかな。それに気がついた奥さんが、

「あなた、早く行ったら！」

とトイレの方を指さしたの。日ごろそういう癖があったのかしら。まるで子供みたいね。

せっかくのダンスだけど、私たちのダンス言葉には音も必要なの。ブルブルブルという低い音。ご厚意はありがたいけど、へたくそダンスじゃ話にならないわ。

彼がなぜこのさびしい湖畔に来たかって？　それは、１９９５年のことよ。神戸に住んでいたT作さんは阪神淡路大震災に遭ったの。岩盤に建っていた団地は、悲鳴のような不気味な音を洩らしたけれどつぶれることなく、T作さんも家族も無事だった。けれど、知人や教え子が亡くなって。２ヵ月は食糧と水探し、復旧作業や安否確認の毎日で、重苦しさは払いようがなかったよう。

――そこまで一気にしゃべったBee子は、触角の一つが気になったのか頭を傾けると、前肢で触角をしごいて身づくろいに入った。

そんなウツウツした気分のなか、T作さんが思い立ったのが気晴らしの旅行。

3月のある暖かい日、たまたま琵琶湖の西岸、北方にあるカタカナの町マキノのホテルに一泊したの。

マキノの里は、一連なりの山が背後に衝立のように控えていて、竹生島《ちくぶしま》という小島を浮かべた湖からは、白砂青松の浜で仕切られているそりゃー美しいところよ。

マキノの自然な風景と春めいた気候は、乾いた心をゆっくり

融かしていったの。この旅がきっかけで、桜の時期や雪景色の美しいころにちょくちょく来るようになって、定年退職したらマキノに定住することになったというのを誰かに話していたっけ。

マキノの桜は有名なの。海津大崎の桜並木は〝日本桜百選〟に選ばれたほど。で、毎年4月には遠方から花見客が押し寄せるの。薄いピンクの桜の花霞みが、空の青とそれを写す湖水の青に映えて美しいのよ。

マキノは私たちミツバチにとっても、花いっぱいの素敵なところだわ。
T作さん、お友達の勧めもあって、ここに私たちミツバチ一家を招く気になったんですって。

——Bee子の話はまだまだ続きそう
だがこの辺でカット。筆者は先の内容に
責任はもてません。だが、おしゃべりで
出しゃばりなBee子のこと、のちほど
突然に現れるかも……。

はじめに

この本はミツバチの学術書や飼育の実用書ではない。

私は、定年退職後、大都会を離れ田舎暮らしの日々の徒然のなかで、庭の一隅に宿りをむすぶミツバチとの交流のある暮らしを送ってきた。その間に垣間見ることのできた昆虫の社会の姿に素朴な驚きと安らぎを感じることが多かった。たとえばミツバチの家族集団の協同作業、コミュニケーション、さらにはダンス会議による集団意思決定などの行動には興味の尽きないところがあり、その中には社会生活を基盤とする者同士として共感を呼ぶものもある。

この体験をほかの人達と共有したいという思いで、科学談話会やサイエンス・カフェなどにたまたま呼ばれた折に、気ままな話をさせてもらった。その話の中から選んだいくつかのエピソードをもとにこの本は生まれた。

ミツバチの話をしていくなかで、「えっ、昆虫にも筋肉があるの？」とある知識人に言われ、めんくらったことがあった。筋肉がなくて何でもって動けるのかと、私は不思議に思ったが、この方はむしろ筋肉の存在を面白がっているようだった。「実は、ミツバチは小さいながらも優秀な脳、つまり神経細胞の中枢を持っているんです！」なんて言うと、ひょっとして気絶でもされるのかと、危ぶんだほど。

というわけで、筋肉があるというレベルからの話でないと、多くの人にミツバチの面白さを本当には分かってもらえないとの構えで、この本を書きだしている。

本文中でのミツバチの行動に関する記述の中味については、現在得られている科学的知見になるべく沿うよう努力したつもりである。また、テーマによってはより詳しい説明を巻末に付けた。

若い人でも年のいった方でも、昆虫の世界に見出された「人類の知的な友人」の話を気楽に読んでいただければありがたい。

（タイサク）

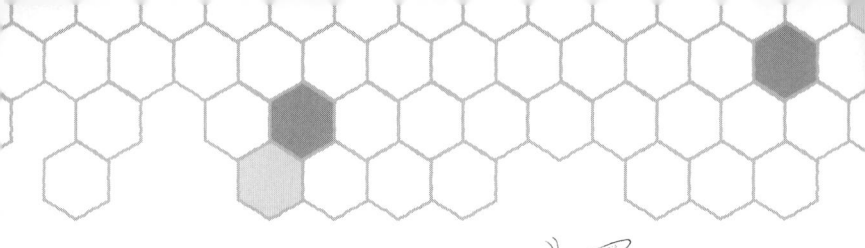

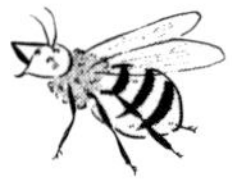

もくじ

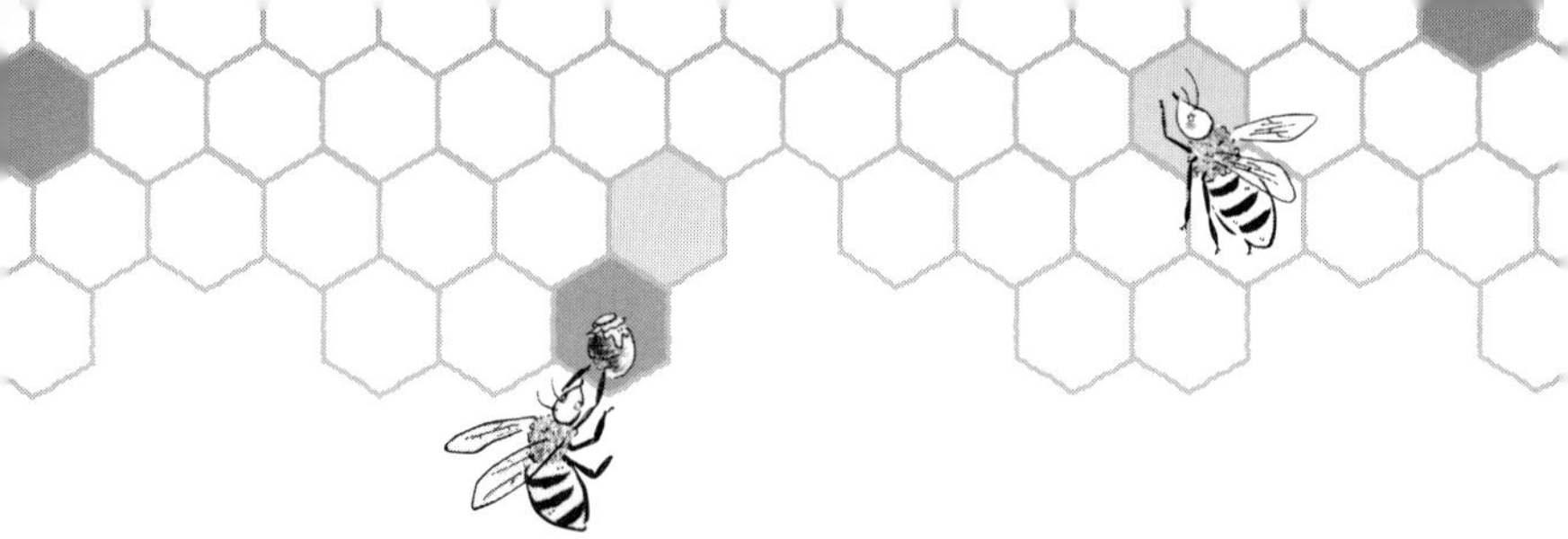

1章

ミツバチとの暮らしが始まった

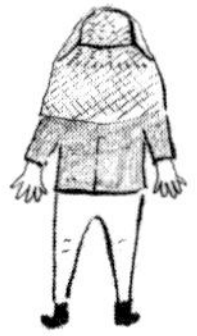

ミツバチとの出会い

定年退職で私が三十数年の大学教員暮らしに終止符を打ったのは63歳のとき。長かった神戸での都会暮らしを切り上げて、私たち夫婦は琵琶湖の北西にあるマキノ町（高島市）の浜辺の里に移住した。

我が家の南向きの窓から思いきりボールを投げれば届くほどの距離に湖畔の砂浜が見える。その途中に横たわる畑の中に、高さ30センチくらいの木箱が据えられていた。これがマキノの里でのニホンミツバチとの出会い。箱はその土地の人の置いた巣箱であった。

後日、この畑で働いている人に「あれはニホンミツバチですか」と聞いたことからミツバチ談義が弾んだ。実は私は昆虫、といっても主にハエだが、それを相手に生物学、もっと正確には生理学、を研究してきた。それで、昆虫を飼っているのを見ると何でも気になるたちだ。

ミツバチにも関心をもったことがある。養蜂家がふだん飼うミツバチはセイヨウミツバチという種《しゅ》で明治時代にヨーロッパから導入されたものに由来する。ところが日本にはもともと古くから山野に棲むニホンミツバチがいて、農家などで仕事のかたわら桶や木箱などに飼われてきた。

私の妻の実家は九州天草だが、幼いころには、飛んできた野生のミツバチの集合した塊が見つかると、父親がそれに合う木箱を手早く作り、内側に砂糖水を塗って丸ごと取り込んで飼いならしていた記憶があるという。ヤマミツバチとも呼ばれるこの野生のミツバチは、おそらくニホンミツバチであろう。その蜂蜜は通常の甘味料というより漢方薬みたいな貴重品だったらしい。この風習は現在でも日本各地に残っていて、仕事の片手間に飼う人もいる。ただ、採れる蜂蜜の量がセイヨウミツバチの3分の1と少なく、またニホンミツバチには臆病というか神経質なところがあり、ちょっとしたことでも逃げやすいので養蜂家には見向きもされなかった。最近ではその濃密で独特の風味ある甘さの蜂蜜は人気を呼び、またセイヨウミツバチよりも気質が温厚なところからニホンミツバチを飼う人も増えてきたと聞く。

私がニホンミツバチと初めて付き合うようになったのはもっと前にさかのぼる。

2003年ごろだったか、当時すでにニホンミツバチの研究者として知られる大阪府の高校教員だったS氏に、ニホンミツバチのことで仕事上のお世話になったことがあり、それをきっかけに今でも交流がある。彼は大阪府の淀川べりに住んで自宅の庭で10箱くらいミツバチを飼育しているが、市からの野良犬《のら》ならぬ「野良ミツバチ」の駆除依頼にも応じていて、コロニーつまり家族集団ごと捕獲している。そんな経歴のニホンミツバチを巣箱ごと2箱もらい受けたのがマキノで飼い始めた初代にあたる。

我が家にやってきたニホンミツバチ

5月のころだったか、我が家の庭先にニホンミツバチの巣箱が2箱、つまり2家族あるいは2コロニーといってもいいが、運ばれて来た。ハチの数は全部でその当時1万頭《とう》くらいだったか。それからしばらくは、日がな一日、庭先の巣箱前

に座り、勤勉・果敢なミツバチたちを見ていた。巣箱といってもミカン箱くらいの大きさの木の箱で、出入り口である巣門《すもん》は幅15センチ、高さ7ミリくらいの切れ込みになっている。

ここを出入りするミツバチの様子が面白くて飽きがこない。巣門に付けられた玄関テラスに出てきた働きバチは、ちらっと空を見上げたりあたりの様子を見回したりするようなしぐさでテラスの中央にくると、1頭、次はならんで2頭、ひと呼吸おいてまた1頭というぐあいに次々空中に飛び立つ。餌を採りに行くのは「外勤さん」ともいわれる体長1センチくらいの働きバチたち。いずれもふかふかの毛のジャケットに薄い虹色の翅、それに目立つ黄土色と黒の縞模様パンツのユニホーム姿はなかなかのおしゃれだ。額に伸びる2本のアクセサリー（触角）が大きめの眼を魅力的に惹き立てる。実は働きバチはみな雌なのでおしゃれなのは当然とでも言っておこうか。プロ野球のタイガースファンなら気になるこの姿で威勢よく飛び立って行く。その飛ぶ航跡を目で追ってもすぐに青空の中に吸い込まれて消えてしまう。

これらと交錯するようにご帰還のものたちは、あるものは空からのダイビングともいえるような急降下で、またあるものは地面をかすめるように近寄ってきて、次々に巣門の玄関テラスに着地し、内側に入っていく。よく見ていると、それぞれに個性がある。器用に入口めがけて突っ込み見事に着地するものもあれば、ちょっと着地ポイントをはずしてしまい巣箱の壁にへばりつき、あらためて入口を探すもの、飛びだしてくる仲間を避けてはばたきながら遠慮がちに空中待機するものなどさまざまだ。たいていは花から頂だいした蜜の収穫物を腹のタンクに貯め込んで運んできているはずだ。中には両側の後ろ肢それぞれに抱え込むようにして、

ちょうどボンボンのようにまとめた黄色の花粉の玉を運び込むものもいる。なんだかじりじりと焦っているように見えるのは、巣内で幼虫が腹をすかして待っているからなのだろうか。

巣門の付近にはガードウーマンつまり門番の役の働きバチが控えていていちいち入る者をチェックしている。たまたま紛れこんだ他所者《よそもの》に対しては、かみついたり押したりして居丈高《いたけだか》に追い返す。このにぎやかな様は、昔、映画で見た中東かどこかの宮殿の通用門をながめているような面白さで時を忘れる。

しかし何より興味深く感じられるのは、2、3キロもある遠方から帰って来たもののもいるはずなのに何事もなかったようにすんなりと自分の巣に戻ってくること。すぐ近くには別の巣箱があり、そこも出入りが盛んなのだが見向きもしないようだ。たかだか3、4ミリ程度の頭の中で記憶を呼び起こしランドマーク（目印）を読み取っているのかと思うと、あらためて自然の営みのすごさを感じざるを得ない。

ニホンミツバチはやっぱり勤勉

アリについてもそうだが、ミツバチのコロニー（家族集団）の働きバチが常に勤勉であるという昔から伝えられてきたイメージは、最近の観察ではもはや古いものになったらしい。

ドイツで活躍しミツバチ研究でノーベル生理学・医学賞に輝いたフォン・フリッシュ博士もかつて講演で、

「大部分のハチは、同僚が踊るダンスで或る仕事に誘われるまでは、巣箱の中で怠けているのです。新しい蜜源を探索するハチ、つまりパイオニアとなるハチは、限られた数なのです。ミツバチ社会とわが人間社会とは、よく似ているではありませんか。」

（「ミツバチの収穫飛行」『ミツバチとの対話（フォン・フリッシュ講演集）』東京図書　収録）

と語っている。コロニーには怠けものが7割もいるといわれるが、実際はその大部分が待機しているといった方が正しいかも。

　外勤から戻った探索バチが蜜をたっぷり出す花の豊かな蜜源を次々と報告すると、ぶらぶらしていた働きバチはその場所の情報を読み取って、あわただしく次々に出かけて行って、そのターゲットになった場所の花からせっせと花蜜を運び帰る。そうこうしているうち、あたりの花の蜜を汲みつくしたら、また巣の中は静かになる。

　その静かそうに見える巣箱の中では、様々な職種の働きバチが働いている。子育てから貯蔵蜜の濃縮、巣内の換気と温度調節からパトロールまで。夜になってもまだ勤務についているも

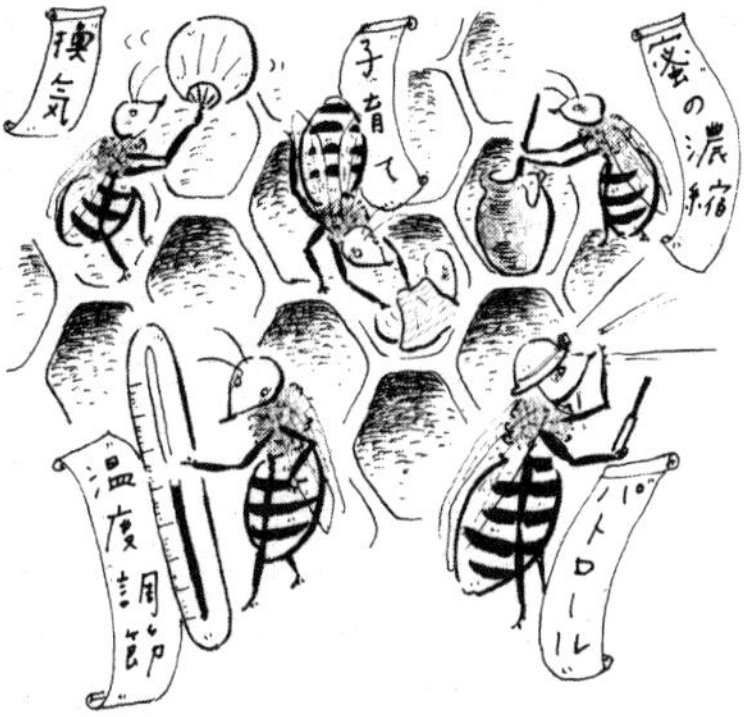

のもある。

夏のころだったが、夜の12時を過ぎ、そろそろ寝ようかなという時間に私の部屋のガラス窓にジリジリと振動する音が聞こえ、何か小さい影が飛びまわるのが見えた。深夜の訪問客はニホンミツバチ1頭だった。その次の夜も同じ時間に、今度は2頭のミツバチ。さらに次の日の真夜中にも1頭が現れていた。いずれも夕方からずーっと窓に明かりをともしていたのだが、やって来たのはどれも真夜中。人ならば、12時までの残業が明けて、とりあえず「一杯つきあわないかー」と友人宅に寄ってみたといった光景か。宵っ張りのハチもいるものだと驚いた。それよりも巣箱はほんの5メートルくらいのところだが、暗い夜道をちゃんと帰れるのかと危ぶんだものである。

ニホンミツバチの方がセイヨウミツバチよりも勤勉だというのはよく耳にする。セイヨウミツバチは日没とともに仕事を止めるようだが、ニホンミツバチは、日没後の6時でもまだ飛んで出るのがいる。

ミツバチが方角を知るのに太陽の位置を基準にしていることは良く知られていることだが、太陽が沈むと方角の手がかりが失われると思われがちである。しかし、むしろ日没直後の方が天空一面の反射光が示す偏光《へんこう》という物理現象により分かりやすい手がかりが残される。偏光は多くの動物の目には映るが、残念ながら人類を含めてこれが識別できない動物も結構いる。このことは後ほど少し詳しくお話しすることにしよう。

また、セイヨウミツバチは雨に会うと勤労意欲を失う風だが、ニホンミツバチは、少々の雨なら果敢に飛びでていく姿をよく見かけた。ニホンミツバチは低温にも強く気温が10度以上であれば働きに出るといわれる。1、2月の真冬はさすがに巣にこもるが、すこし暖かい日、例えば8度くらいになれば巣箱を出てあたりを飛ぶのを目撃したこともある。

ミツバチの冬ごもり

花が咲いていなくて餌が手に入らず、また外に出るには過酷な環境条件にある

寒いときはおしくらまんじゅう

寒く厳しい冬を、ミツバチはどのように乗り切っているのだろうか。

多くの変温動物は冬眠という方法を使うが、ミツバチは独特の手段をとる。巣の中でハチの塊を作って身を寄せあい、いわば「おしくらまんじゅう」みたいにして過ごす。寒さがひどいときはそれぞれのハチが、飛ぶための筋肉である飛翔筋をヒーターつまり暖房具として使う。

自動車でエンジンを空回りさせ、動力を車輪に伝えないアイドリング状態を考えてみよう。それでもエンジンの周りはどんどん熱くなるはず。これに似たことをやるのがミツバチ。飛翔筋が動く際に翅への連結をはずしていると、翅が動かないまま熱のみが発生する。我々人でも、緊急に体温を上げなくてはいけない場合には震えがくる。これは骨格筋を震わせて熱を生みだすための生理的な反応だ。ミツバチはこのような方法で、たとえ巣の外の気温が摂氏マイナス10度と低くても、巣の中心にあるコロニーにとって大事な育児領域は、

35度に保たれる。

　自動車の例だと熱のもとになるのは燃料つまりガソリンだが、ミツバチの場合は蜂蜜そのものが燃料に、筋肉がエンジンに相当する。蜂蜜のほとんどはブドウ糖と果糖からなっている。これらの糖が含んでいる大きな化学エネルギーが、体内の代謝活動で解糖系を経由し、最後には筋肉を直接駆動する化学エネルギー物質（ATP）に渡される。だから働きバチは、冬を無事越すために夏場からたくさんの蜜を集め貯えることに熱中する。「燃料」が切れていわばガス欠状態に陥ればファミリー全員の凍死に直結する。

　ついでにいうと、実際に飛んでいるときは1秒間に260回ほどの振動が生じ、翅がはばたく。エネルギーのレベルでいえば、飛んでいるとき、飛翔筋の中でATPの化学エネルギーが主に機械的エネルギーに転換される。飛ばないで体を温めるときは、化学エネルギーが熱エネルギーに転化している。エネルギーはこのように昆虫の中でも、化学エネルギーから熱エネルギーや機械的エネルギーに形態を変えることができる。さらに体内の神経細胞の活動では電気エネルギーに、またホタルなどでは光エネルギーに転化している。

この飛翔や加熱といった過酷ともいえる大仕事を担うための太い飛翔筋が胸部に詰まっていて、大部分の容積を占めている。人の姿だと異様なほどに分厚く胸の盛り上がったボディビルの体格のイメージであろうか。ただし、昆虫は人と違い外骨格で、背骨をもたず堅い鎧をかぶって柔らかい体を支えているようなものなので、この例えは不適切かもしれない。

通常のフライト（飛行）で外勤バチが外に出る場合、その飛行距離に応じた燃料の支給を受けるそうだ。誰からですって？ それは内勤の蜂蜜貯蔵係から口移しで。ミツバチは8キロくらいの距離を飛ぶことができるが、実際の餌を収集する平均的な距離は玉川大学の研究グループによるとセイヨウミツバチで約3キロ、ニホンミツバチは2キロくらい。これはエネルギー効率が関係するとみられている。遠くまで飛んでせっかく花蜜を得ても、飛行燃料で蜂蜜を消費し過ぎると経済的には意味がなくなる。

ボディービルのイメージ！？

おそらくミツバチは燃費の悪い小型飛行機（車でなくて）かもしれないが、冬場には暖房というメリットのため、エンジンの「目的外使用」が定着したのだろうか。

ミツバチ一家に逃げられた！

ミツバチの生活をのぞき見るのは楽しいが、時には苦い経験も。あの年の梅雨は長かった。私たちもそうだが、ミツバチにとっても雨が降り続くのは暮らしの上で良いコンディションとはいえない。花蜜を採ろうにも花びらの内に雨水が貯まってくるし、開いている花自体が少なくなるので収益が見こめない。なによりもぶつかってくる雨粒の群れが物理的に飛行を邪魔して、エネルギー的に見ても「燃費」が悪くなるので花を求めて飛び回ることが難しくなるのだろう。

ミツバチのもつ独特の飛行術つまりナビゲーションのことは後ほど話すことになるが、そのシステムは太陽ないし晴れ間に依存する。雨だと道に迷う危険性が高まる。ある養蜂家の話では、悪天気で花蜜など餌集めができない状態が続くとミツバチのご機嫌が悪くなり、そんなときには刺されやすいとか。

そういった心配があったので長い梅雨が空けてくれてほっとしたころ、庭に置いたミカン箱くらいの大きさの巣箱のひとつでニホンミツバチの出入りがパタリと停まった。わずかな晴れ間を逃さず次々と餌を探しに行きあるいは持ち返る働きバチの出入りに見とれ、その健気な様子を満足してながめるのが私の日課のようだったのだが。

そのにぎわいが停まったのに気づいて、「もしや」と木の巣箱の上ぶたを取り去ってのぞいてみたら、ふだんは押しあいへしあいして数千から万近くのハチの住民が群れているはずが、きれいに消えうせている。出遅れたのかわずかに数十匹のまだ若いハチが箱の隅で寄り集まってうろうろしているだけ。巣箱に入れた8枚の四角の木の枠には、小さな六角形の網目からなるハニカム構造の巣板《すばん》が貼られているが、そこにあった無数の蜂蜜ポットは閉じぶたの封が切られ、蜂蜜はほとんどが空に。

荒れたサンゴ礁の一部のような白々としてわびしい光景が私の胸を突く。すでに箱の底にはびっしりと何やら黒い点が入りこみ、うごめいている。数万を超えるアリの大部隊がこの不敗を誇った巨大要塞への侵入を果たし、戦利品の糖分の接収に余念がないかのようだ。この様子だとどうやら夜逃げじゃないけど、ミツバチ・ファミリーに丸ごと逃げられたようだ。これは例年にない長雨のせいなのか、あるいはアリ群の侵入に嫌気がさしての逃亡なのだろうか。

巣内に貯えられていた蜂蜜は、巣板全部集めても採れた量はわずかに70 ccほどに。あとは、すべて持ち出されていた。毎日のように気を配り見守ってきたはずなのに、あっさり去られて私はちょっとショック状態。ハチの観察よりも蜜を楽しみにしていた妻も事態を知って意気消沈。ニホンミツバチは、花蜜が少ないなど周りの環境がちょっと悪化したくらいであっさり巣を放棄してほかに移動することが多い。養蜂家にとっては困った性癖があると以前から聞いていたのではあるが。この琵琶湖畔の花いっぱいの自然に何の不足があるのか。ショックはなかなか収まらず、離れて暮らす娘たちに携帯でメールを送った……。

大事に飼っていたミツバチマーヤのひと群れに逃げられちゃった。残り1箱は無事。今、泣きの涙で、わずかに残った蜜の置き土産をなめてるところ。

甘くて苦い！（いじけた父より）

ミツバチが巣を放棄し引っ越しするにはいくつかの場合がある。ひとつは、環境の悪化。天敵スズメバチのしつこい襲来や、蜂蜜を狙う熊、イノシシの体当り攻撃をミツバチが嫌うのは当然だが、今飼っているこのニホンミツバチは、住処《すみか》に水が一時的に浸み込むとか、餌のあがりが目立って減ってきたときでもあっさり巣を捨てる。セイヨウミツバチはそれほど臆病でないので、もっぱら定住性が高く養蜂家にかわいがられている。

もうひとつは、逃亡でなくても、春から初夏にかけてよく起こるのれん分け、巣分かれあるいは分蜂《ぶんぽう》ともいう現象で、これはハチの家族集団では円満解決の一手段。ただし新居を求めて旅立つのはひとつの巣内の母女王とそれに付いていくほぼ半数のハチの群れ。娘女王の方が古巣をひき継ぐ。ひとつのコロニーに2頭の女王はミツバチの世界ではありえない。この飛びだしてきた分蜂の群れも回収に失敗すると逃げられてしまう。この分も入れて数えてみるとこれまで5箱分に逃げられている。

どうやって逃亡を決めたのかしらないが、移転先候補地を事前に吟味し、蜂蜜も次々運び出したのだろう。思いっきりの良さと手際の良さに脱帽した。

この「事件」のあとも何度か逃げられることがあったが、相談したハチ飼育のベテランによると「逃げるのは習性みたいなもの。気にすることはない」とのこと。ただしこの習性は先にも書いたようにニホンミツバチだけの特徴のようだ。このように臆病で神経質だが気質はセイヨウミツバチに比べておとなしいので、そこが気に入って飼っている人もいる。

天敵、スズメバチの襲来

夏から秋にかけてよく目にするのは天敵スズメバチの襲来。ある9月の日の午後、庭のニホンミツバチの巣箱を見ていたら、突然、空から大きさが親指ほどもある大型のハチ1頭が飛来し、その箱の正面すれすれにホバリングつまり空中停止しながら入り口（巣門）をうかがっていた。体長は4センチくらいか。頭を黄色い頑丈そうなヘルメットで固め、黄色と黒のどぎつい縞模様の腹部からすると、オオスズメバチの登場だとすぐに分かった。相手をすくみ上がらせるようないかつい複眼、それに強力なあごと毒針を武器に持つオオスズメバチはミツバチにとって最も恐れる天敵のひとつで、ミツバチの成虫や幼虫を狩って肉団子にして自らの巣の幼虫のもとに持ち帰る、獰猛な昆虫ハンターだ。

この恐るべき相手の登場に内側からすぐに門番のミツバチ十数頭が現れ警戒する。敵がしつこく留まるようだと、内側から続々応援が駆けつけ、入口付近はミツバチの群衆数百で溢れんばかりになる。「帰れ！帰れ！」コールこそないものの、時にはそれぞれが断続的に腹部を震わせる振身《しんしん》行動を起こし威嚇に出ることもある。それもばらばらでなくてお互いが連携し、シンクロナイズド・スウィミングのように同調して見えるので大変迫力がある。自分らの拠点を守ろうと強力な相手に対峙するハチたちの気迫のようなものを感じて、こっちも応援したくなる。

このデモンストレーションに押されたのかオオスズメバチが引き揚げると、何百といったハチ群が、少しずつ巣の中に戻り始め、15分も経つか経たないうちに、巣

門付近は何事もなかったように静かになった。

このほか、割に頻繁に現れるスズメバチの仲間にはキイロスズメバチというのがいる。こちらはオオスズメバチよりも小ぶりで、体色は明るい黄色が強い。顔に微妙な黒い筋が走っていて、歌舞伎の荒事に出てくる悪役の隈取りの顔を連想させる。1対1の場面だとニホンミツバチはこれにあっさり捕まってしまうが、巣での集団的対応だとつけ入る隙を見せない。だから、養蜂家としては余り心配しないが、それでも頻繁にやってくると、ミツバチの方も落ち着かなくなるので、私も捕虫網で捕えて駆除することがある。

さすがにオオスズメバチ10頭近くの集団に襲われ巣の中に入りこまれるとニホンミツバチの

勝ち目は薄くなる。最悪の場合、皆殺しの目にあって巣は乗っとられ、幼虫とさなぎは敵の食糧庫と化した我が屋で凶暴な死を待つほかなくなる。ただ、現れたのが1、2頭の場合は十分に対処できる。オオスズメバチがこれぞとばかりターゲットに選び、仲間への合図となるフェロモンを巣門になすり付けたときは、守備側はその個所をかじりとり分からなくすることまでやるらしい。私も、巣門から入りこませないように入口を狭くしたり、目の粗い網を巣箱にかけたりしてスズメバチに対処してきた。頻繁な襲来のころ（9月～10月）になると、やはり手網をもって待機し、捕獲しては駆除することも度々であった。もっとも初めのころ、オオスズメバチが相手のときには、面布という網を帽子の上にかぶらないと勇気が出ない有り様だったが。

セイヨウミツバチとニホンミツバチの違いがはっきり表れるのはこのスズメバチの攻撃のとき。その話の前に、両者の違いのことをちょっと言っておこう。

見た目での区別は、やや体が大きい方がセイヨウ。体色で見て、黄色っぽいのがセイヨウで黒っぽいのがニホンだが冬は両者とも黒っぽく見分けにくい。決め手となるのは、後翅の表面を走る血管のような脈が見せる模様だ。脈の交差のうちのひとつがY型（セイヨウ）かH型（ニホン）かというわずかな違いで区別できるが、肉眼では観察が難しいので度の強い虫眼鏡か顕微鏡が必要。比較的気の荒いのがセイヨウミツバチで、私が刺されたのはこっちの方。それよりもおとなしいのがニホンミツバチ。ニホンミツバチの蜂蜜の量は少なめだが濃くて独特の風味があり、最近は珍重され高値である。また比較的寒さに強く、私のいる地方では12月中ごろまで活動する。

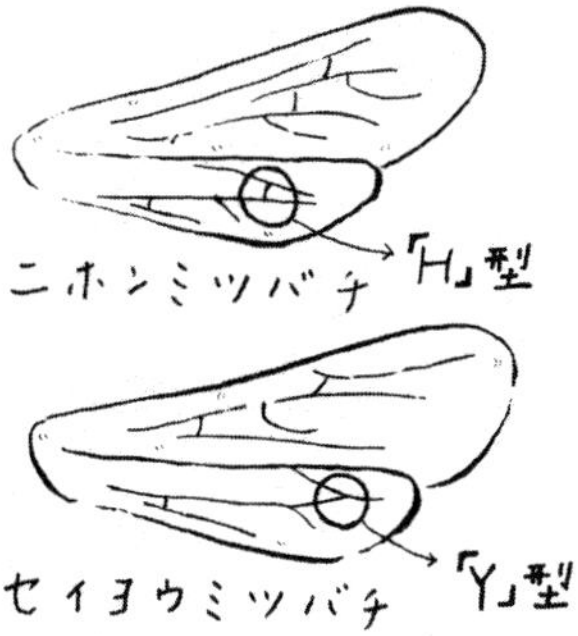

「スズメバチ布団《ふとん》蒸し」作戦ができるのはニホンミツバチ。この行動は国際学術誌「ネイチャー」に玉川大学の研究者の研究論文が掲載され一躍有名になった。大きくて力の強いオオスズメバチにいったん巣内に侵入されたら大ピンチ。だがニホンミツバチは、敵を大勢で取り囲みボール状になって体熱で摂氏46度まで上げて熱死させる独特の「布団蒸し」作戦を展開する。養蜂家が普通使うセイヨウミツバチ

だと対処すべき術がなくただやみくもに飛びかかっていくので、犠牲者の山が瞬く間にできることもある。それは、もともと大型のスズメバチのいなかったヨーロッパから来たものだから。

生理学的にみて、セイヨウミツバチとニホンミツバチ両者はほぼ同じように見られているが、いくらか違いが見つかっている。というか、ニホンミツバチの研究がセイヨウミツバチに比べてまだ進んでいない点も一因。

例のS氏らは、最近、呼気による炭酸ガス（さらには湿度）がこの布団蒸し作戦には熱のほかに重要な要因であることを論文で発表し、国際的にも反響を呼んでいる。

バナナの皮と同じフェロモン!?

養蜂家が「巣箱の傍にバナナの皮を捨てるな!」と注意することがある。それにはそれなりの理由がある。人以外の動物とご同様にミツバチも通常の意味での言葉をもたない。その代わりというほどではないが、自分の体内で作ったフェロモンと呼ばれる化学物質の放出による情報発信、あるいはその受信で仲間とコミュニケーションをはかる。そのフェロモンには性誘引フェロモン、道標フェロモン、集合フェロモンなどと、その名前の通り役割の違うものがいろいろある。

フェロモンが情報を担う化学物質だと言われてもピンとこない人がいるかもしれない。まして体の中で働く分子のレベルになるとイメージも湧かない方も多いだろう。まず紐のようなものを想像してみて欲しい。昔のインカ帝国で、数字あるいは文字のようなものとして紐が使われたという(キール、紐文字ともいわれる)。紐の結び目の位置や形がいろいろあり、それによって異なる数やモノを意味する。フェロモンはその超小型版といえるかも。炭素と水素が組み合ってちょっと長め

の紐状の物になる。学校では「鎖状《さじょう》炭化水素」として習ったことを思いだす方もいるかもしれない。

この紐のところどころに、例えばメチル基と呼ばれる結び目のようなこぶがつき、あるいは紐が折れ曲がる構造になり、それぞれ違った意味を持つ信号の役割をもつ。これらの多くは揮発性で空中を飛んで、ほかの仲間の触角のセンサーに捕えられ、それが担う情報によって、「異性よ来たれ!」とか、「道案内はこっち」、「集まれ!」など行動上の意味が解読される。

フェロモンの仲間には警報フェロモンというものもあって、ミツバチなどが体を痛めつけられたり、潰されたりしたときに、尻の近くにある刺針室腺《ししんしつせん》などからこの警報フェロモン・ガスがあたりに放出される。これを触角で情報キャッチした仲間のハチは警戒態勢に入り、情況によってはその敵へ敢然と攻撃に向かう。

　この警報フェロモンは実際にはいくつかの化学物質のミックスしたもので、その成分の分析はセイヨウミツバチでは進んでおり、いろんな化学物質がこれまでに明らかにされている。その警報フェロモンをなす成分のひとつにＩＡＡ（酢酸イソアミル）があり、それが熟したバナナにも含まれているので、先ほどのバナナの皮を捨てるなという注意も、間違ってミツバチの攻撃を引き起こさないようにとの配慮からのこと。なお、ニホンミツバチについても遅ればせながらフェロモン研究が始まっている。セイヨウミツバチと共通する部分も多くＩＡＡももっているので注意が必要。

　巣箱に近寄る際は整髪料や香水を着けるのも控えるようにという注意も、バナナのことと同様の考えからであろう。匂いではないが、黒い服の着用も避けるように言われるのはこの色がミツバチの攻撃行動を引きだす可能性があるから。熊は蜂蜜が大好きで、その味を覚えると「いかなる犠牲を払っても」手に入れようとするといわれる。その黒い体色がハチの側の文字通りの「ブラック・リスト」に登録されているのかもしれない。

もうひとつ、ついでに注意をすると、ハチから攻撃を受けそうな場合は、全く動きを止めて30秒くらいじっとするか、余裕がある場合は静かに退却することが肝心。手で振り払おうとすると、その「動き」によって攻撃がトリガーされる（引き金が引かれる）恐れがある。ただし、スズメバチみたいに事前の警告をしたのに無視されたとか巣の近傍に踏みこまれた場合は、攻撃行動がトリガーされ容赦ない実力行使に出て散々に人を悩ますことになる。おとなしいニホンミツバチも、餌のない冬場は気が立っているので、巣には近づかないようにしたい。

蘭《ラン》の花で試してみたが

ランの一種で日本では古くから栽培されているキンリョウヘン（金稜辺）の花

は5月ごろに開花する。この花は蜜を出さず、ミツバチの餌となる花粉も採りにくい構造になっているが、面白いことに、ニホンミツバチの働きバチや雄バチ、女王バチまでがこの花に集結することが養蜂家や研究者に知られている。

ランの仲間には、蜜を出さずに別の仕掛けで昆虫を呼び寄せ、花粉を昆虫の体に貼りつけてもって行ってもらうちゃっかりものが世界中で見つかっているが、このキンリョウヘンも、花蜜という対価を払うことなく集合フェロモンみたいな化学物質を放出し、招き寄せたハチに花粉を託すと考えられている。

ともかく、ニホンミツバチ愛好家の間では、分蜂で湧きだすように飛びだしたミツバチコロニーを「一網打尽」に回収するのにもこのランを使うようになった。この花に寄ってくるのはニホンミツバチばかりで、面白いことにセイヨウミツバチは全く関心を示さない。私も分蜂のとき飛びだした群れを回収しようと、知人に分けてもらったキンリョウヘンの鉢を近くに置いてみたが、残念なことにこの地では開花が間に合わず、逃げられてしまった。

最近、先にも紹介したS氏とその協同研究者たちは、このニホンミツバチの特異な行動を調べ、コロニーのハチ群を使った行動実験とキンリョウヘンの花の成分の化学分析から、フェロモンの可能性のある誘引物質を探りあてるなど、興味深い成果を上げつつある。

天然の蜂蜜をいただく

いくらミツバチを飼って観察するのが面白いからといって、蜂蜜を採らない者はまずいないだろう。我が家でも、冬ごもりして春を迎えずっしりと重さの増した巣箱から蜂蜜をいただけるようにと、ザルやビンなどを用意していたのだが、前に書いたように逃げられるケースが多く、また分蜂で出てきた群れは蜜をいただけるほど十分にはもってないので、空振りがしばらく続いた。

初めての採蜜は2年目だった。私と妻のふたりで決行。面布《めんぷ》という目の細かい網を垂らしたワラ帽子をかぶり、白いスキーウエアみたいなものに長靴・手袋と、ハチの針が立たないよう厚い防寒服をまとったようないでたち。

尼川家流の
採り方をご紹介
ハチミツの採り方
面布を垂らした白いスキーウェアみたいなものに
ワラ帽子
手袋、
針が立たない防寒服、
長靴
巣枠から、巣板の貯蜜域と
霜柱のようにできた部分をとり外し、大き目のボウルに入れる
採蜜は簡単！
布
ザル
ボウル
目の細かいザルに布を敷いてその上に巣板を。
放っておくと、蜜が少しずつ滴り落ちてくる
ハチミツ
完成!!
蜜を採った後は…
ザルに残った固形成分を取り出し、水を加えて鍋で煮る
ゴミのようなカスを除いてゆくと、液は二層に分かれる
固形ワックス
これを取り冷蔵して
蜜ロウ完成
冷蔵に入れるのは、入れたほうが痛まないから

黒い服より白いものが攻撃を引き起こしにくいといわれる。

私たちは初体験同士だったので巣箱のふたを開けるときはドキドキの及び腰だったが、思ったほどには反撃を受けず。養蜂家によっては、日ごろ世話をする顔見知りの人間には大目に見てくれるというがほんとかどうかは不明。万を数えるほどのハチが巣箱の隅に群れをなして寄るなどで比較的おとなしくしていた。わずかに数十匹が騒いで飛び回っていたが、意外にも刺しに来る様子は見せなかった。

無事、巣枠《すわく》の4枚ほどから巣板の貯蜜域と天板の裏や箱の隅に霜柱のようにできていた部分をとりはずし大きめのボウルに納めた。手順に慣れずかなりあわてていたのでプロがやるような女王バチを確認するところまでには至らなかった。全て終了してホッとひと息ついていると、妻が「何かモゾモゾする」と言って自分の服の襟に手をやった。そこから何と2頭もミツバチが這い出てきた。この騒ぎに潜入したらしい。よくぞ刺されなかったものだ。

ボウルの巣板に手を伸ばし、ひとかけらを割りとって口に含むとしぼむように柔らかく潰れ、ほんのりと温い蜂蜜がトロリと舌上に広がり、言いようのない香ばしさと濃密な甘味で口内が満たされ幸せな気分に。市販のセイヨウミツバチの味とは違い濃くてうまい。これぞニホンミツバチの味だと感じいった。妻も「天草（ふるさと）のミツバチの蜜と同じ味！」と懐かしそうであった。

採蜜もいたって簡単。取りだした巣板をいくつかに割って目の細かい金属ザルに布巾をしいてその上に放っておくと、蜜が少しずつ滴り落ちてくる。これをボウルで受ける。こうして色の濃いまるで水あめのように粘性の高く、香り豊かな蜂蜜を得ることができた。収穫は総量で約4キロといったところか。

蜂蜜には体に吸収されやすいブドウ糖などが多く含まれるので、手軽な疲労回復剤として良い。はるか昔のギリシャでは、兵士が激しい戦闘のあいまに蜂蜜を吸って、とりあえずの疲労回復に用いたといわれる。たいした肉体労働はやらなくなった私だが、頭を使って疲労感がある場合に、この蜜を愛用している。

蜂蜜はミツバチについても当然ながら絶好の食品だ。ある寒い夕刻、巣箱の近くで行き倒れ同然のミツバチ1頭を見つけ部屋に連れ帰り、プラスチックの箱に保護したことがあった。大分弱っていてあわれっぽく横倒しの状態だったが、それでも、体のすぐそばに蜂蜜を少し水で溶いたものを1滴置いてやると、小象みたいに口吻《くちばし》だけをそこに伸ばして液を吸い続けた。その後、10分もしないうちに立ち上がることができ、あたりを這い回れるようになった。翌日に箱から解放してやると、くるくると直径1メートルくらいの円を描くような飛跡であたりを探るかのように舞い上がり、やがてどこかへと飛去って行った。

蜜を採った後の仕事はワックスつまり蜜蝋《みつろう》の回収。ザルに残った固形性分を取りだし、水を少し加えて鍋で煮る。ゴミのようなカスを除いてさますと、液は2層に分かれ、固形ワックスが軽いので上に浮いてくる。これを取りあげ乾かして冷凍保存する。昔、ヨーロッパの教会などでは、このワックスからろうそくを作っているところが多かったとか。我が家では、ろうそくは作らないが、次の春に新しい巣箱に塗りつけて、巣分かれした群れを獲るために、これを大事に保管している。もっとも、このワックスを採取する過程で、ワックスが鍋やザルのあちこちにしっかりこびりつき、扱いにくいのは難点に思える。

花蜜と蜂蜜の違いなど

働きバチ1頭がその一生、つまり約1ヵ月ちょっとの間に作る蜂蜜の量は、わずか茶さじ1杯くらいと見積もられている。私らが食卓で何気なく使う蜂蜜も大変な苦労の塊ということだ。ただハチの数が多いのでセイヨウミツバチの養蜂家は、1年あたり100キロ以上の蜂蜜をひとつの巣箱からしぼりとる。もちろん、ミツバチが生きていくためには十分の量の蜂蜜を巣箱に残さなければいけない。

ところで、ミツバチが懸命になって集める花蜜とは、どんなものだろう。私も椿の花を摘みとって根元の部分に唇をあてて吸ってみると、あっさりした甘味と香りが分かった。濃い味ではない。花の蜜の主成分はもちろん糖類。花の種類によって違うが、ブドウ糖（つまりグルコース）と果糖（フルクトース）を多く含むかあるいはショ糖（白砂糖といわれる。別名ではサッカロース）を多く含むものが多い。タンパク質と遊離アミノ酸の含量はわずかなので、ミツバチはタンパク源として花粉を別に採取している。

一方、ハチの巣で作りだされる蜂蜜そのものの味は濃厚で甘味が強く、液体には粘りがある。水と糖類のほかにカリウム、マグネシウム、鉄などミネラルや有機酸であるグルコン酸、そしてビタミンBなどが少量含まれる。糖類ではブドウ糖と果糖が主になる。

花蜜がミツバチによって一時的に体内の蜜胃《みつい》に納められ、ミツバチ自身の分ぴ物も加わり酵素の作用を受ける。例えばショ糖はインベルターゼの作用でブドウ糖と果糖に分解される。さらに、貯蔵係のミツバチの口から蜜を出したり吸ったりする過程で、空気に触れて水分が蒸発していく。その後、蜜を貯める小部屋に納められている間にも、蒸発が続き次第に濃い蜜になっていく。こうして私たちが蜂蜜と呼ぶものができあがる。

人もミツバチもスイーツがお好き

「蜂蜜の歴史は人類の歴史」と英国のことわざにあるように、人は長い間蜂蜜を好んで口にしてきた。蜂蜜の甘味は主にその主成分であるブドウ糖と果糖による。1さじの蜂蜜を口に含むと、その香りもさりながら強い甘味に惹かれる。時には幸せ感すら覚えることも。

人を含め多くの動物では甘味の感覚が脳の神経系の中で、生きていくためにプラスに働くシステム、つまり本能的行動系に結び付けられている。ブドウ糖が甘さをもち好ましく感じられるのは生物学の理にかなっている。好んでこの蜜を摂取すれば、効率よくエネルギーを確保できるからだ。

また、腸での吸収が非常に良く、元気回復に素早い効き目がある。シンプルな単細胞生物で、もちろん脳を欠く大腸菌ですら、水中でもブドウ糖の濃いあたりに寄っていき、細胞内にこの糖を取りこむ。その行動の機構は、すでにタンパク質の分子レベルまで詳しく調べられている。

外へ飛びだし仕事をする外勤バチだけでなく、巣の要所に張りついて暖房の仕事にあたる発熱バチには、供給係のハチが蜂蜜を口移しで与えて回るそうだ。出会った個体同士でも口先を伸ばして蜜や栄養物のやりとりを行うことがある（この行動は「栄養交換」といわれる）。蜜のやりとりを通して家族集団の緊密な「甘い関係」が結ばれる。このようにミツバチの生活を見ていくと、蜂蜜の糖自体はエネルギーの塊であり、その甘さは情報であり、またコロニーのメンバーを結ぶ絆でもある。

コラム

「甘い！」と感じるメカニズム

「甘いと感じる」とは、どういうことだろう？　実は私自身、昆虫（主にハエ）の味覚細胞での情報変換メカニズムについて研究してきたので、ここで少し紹介しよう。

人では、舌の表面にある上皮細胞の間に、蕾《つぼみ》状の感覚細胞の塊（味《み》らいという）が埋め込まれている。これが味物質をチェックするセンサーつまり味細胞の集合体である。そこへ脳に接続する神経線維がタッチし連絡している。味細胞は、味物質の例えば砂糖に接触すると活性化状態になり、その情報が神経細胞を通じて生体電気のクシの歯状の波（つまりパルス波）となって脳に渡され、甘味物質としてその濃度とともに解読される。

ミツバチの場合もこれに似ているが、球状（直径で100分の1ミリ程度）ないし卵状の形をした数個の味細胞が、毛状の感覚毛の根元に納められている。このそれぞれの細胞から2つの突起が正反対の方向に出ている。そのひとつは毛の中を先端まで伸びている。もうひとつの突起は、細胞から伸びる神経線維となって、脳まで直通で連絡している。

液状の味物質が、毛の先端にもともと開口している小穴から入って、突起に触れると味細胞に電気的興奮が生じ、情報は電気のパルス波として神経線維を素早く伝わっていく。脳は、回線を通じてやってきたそのパルス波の出方から、味物質の種類や濃度を読みとる。砂糖といってもショ糖、果糖それにブドウ糖などと種類がありいずれも甘味物質だが、それぞれ感度や甘味の強さに差があることが感覚生理学的実験などから分かっている。

私も現役時代に、ハエのほかニホンミツバチについて、神経の電気信号を読みとる味覚研究に従事したことがある。(巻末の「もっとサイエンス2」にニホンミツバチの味覚器から得たパルス波の記録例を挙げておいた。)

人とミツバチ、長いつきあい

さあ、立って行こう、イニスフリーの島へ行こう、
あの島で、枝を編み、泥壁を塗り、小さな小屋を建て、
九つの豆のうねを耕そう。それに蜜蜂の巣箱をひとつ。
そうして蜂の羽音響く森の空地に一人で暮そう。

（高松雄一訳）

ウィリアム・バトラー・イェイツ「湖の島イニスフリー」The Lake Isle of Innisfree

『対訳　イェイツ詩集』高松雄一編（岩波文庫）より

生物は地球上で誕生して38億年ほど経っているといわれる。その生命の長い歴史の中で昆虫の出現は約3億年前、またミツバチが現れてきたのは約1億年前とされている。ミツバチ（学名*Apis*）の化石はおよそ2500万年前のものが発見された。スペインなどヨーロッパの各地でミツバチの蜜を採取している絵、古くは1万年くらい前のもの、が壁画として残されているし、約4400年前のエジプトの古墳内の壁画にも、ハチの巣、といってもおそらく粘土の筒を重ねて作った人工のもの、から採蜜し蜂蜜を壺に納めている工房のようなものが詳細に描かれている。

これらは人類とミツバチとの長い緊密な歴史を思わせる。およそ2300年前のギリシャの哲学者で自然科学者でもあったアリストテレスは、著書『動物史』の中でミツバチの生態に触れ、すでに独特の運動（ダンス）やプロポリスについても記述していたことが、研究者たちによって紹介されている。これはミツバチが自然科学の対象となった初期のもので現存するものであろうか。

古くから日本の山野に棲んでいたニホンミツバチがひところ絶滅の危機を迎えていると言われたことがあった。養蜂業でヨーロッパから導入されたセイヨウミツバチに押されたのがその一因。しかし、最近では都市部やその近くに姿を見せるようになった。

例えば、墓地にある石作りの納骨空間などに巣を作って生き延びているとか。私も、近くの神社にある石灯籠のわずかな隙間から盛んに出入りするニホンミツバチを見つけたことがあった。おそらくこの灯籠の中には巣を作れるほどの空間があるのだろう。スズメバチから逃れセイヨウミツバチから逃れて人の近くに棲むようになったニホンミツバチは、今、勢力をもちなおしてきているそうだ。

私たちが日ごろ使う言葉にもハチが身近であったことをうかがわせるものがある。「蜂起」とか「蜂の巣をつつく」は日常の暮らしに普段に出てくる成句だ。「あぶ蜂取らず」、「泣き面に蜂」とか「石地蔵に蜂」などことわざにも蜂に関するものがある。外国でも「多忙なミツバチは悲しむ暇もなし」（英国　ウィリアム・ブレイク）のことわざが定着している。

文学では詩の世界にもミツバチがよく登場する。冒頭にアイルランドの詩人イェイツの有名な詩から一部を挙げておいた。

長編の単行本ではオランダのメーテルリンクのものが有名。彼の本『蜜蜂の生活』（工作舎）は国境を越えて広く読まれ評価が高く、１９０１年ノーベル文学賞を受賞したほど。ただ、私が一読して得た印象では、文学的表現は確かにすばらしいものが随所に見られるが、おおむね過剰なほどで、彼自身がミツバチを身近に飼って得た貴重な知見が、むしろそのために薄められ焦点がぼかされているのは残念だと思う。彼の記述したもので、今日の科学的知見からすると誤りになっているものもあるが、そのころにしては科学的な観察や考察を行っていたように思われる。

また児童文学では、ボンゼルス原作の『みつばちマーヤの冒険』（小学館）が、今でも世界中の子供たちに、主に絵本で親しまれている。そのアニメもテレビに登場し子供たちの人気を得た。それとは別のアニメだが、『昆虫物語みなしごハッチ』もミツバチが主役の物語で、かつて私の娘たちのお気に入りのものであった。ハチの歌でおなじみの小学唱歌『ぶんぶんぶん』は広く歌い継がれたもので、ボヘミヤ民謡に由来する。大人の歌でハチに関するものでは『ハチのムサシは死んだとさ』が有名。レコード大賞（編曲賞）を得、NHK紅白歌合戦出場を果たしている。

ミツバチを脅かす農薬などのはなし

右に見てきたように、ミツバチとは人類の友のような深い長いつきあいがある。しかしそのつきあいにも陰りが出てきた。

近年、国内だけでなく米国、フランスなど世界的規模でミツバチ、特にセイヨウミツバチ、の大量死や失踪、いわゆる蜂群崩壊症侯群（ＣＣＤ）が問題になっている。ミツバチは花粉の媒介をするいわゆる「送粉者」として生態系の主要なメンバーで、農業・植生への貢献度は大きく、国内の養蜂家組合の試算でミツバチの農生産物への貢献は年間数千億円に及ぶというだけに減少の痛手は大きい。特に花粉媒介用ミツバチが不足している。大量死の原因として次のようなものが挙げられている。

1．ネオニコチノイドなど殺虫剤や農薬の害
2．巣箱など閉所に長時間閉じこめられることからくるストレス
3．ウイルスやダニによる病害
4．電磁波などによる帰巣センサー異常で帰巣できない
5．ハチ自身の免疫力低下
6．以上のどれかの複合

このような環境要因が主に挙げられているが、いまだ確定したとは言いがたい。今年2013年4月になってEU（欧州連合）では、ミツバチへの害が明らかになったネオニコチノイド系の農薬3種を2年の間使用禁止にすることを決定している。

2005年、国内では、岩手県でも大量のセイヨウミツバチの死滅からネオニコチノイド散布が問題になり、養蜂家組合と大手農業団体との訴訟事件にまでなった（その後、和解に至っている）。私の住むマキノでは、7月に1日だけだがラジコン・ヘリコプターによる稲田への殺虫剤ネオニコチノイド散布があり、ハチを気遣ってハラハラしながら巣箱を守ったことがあった。

国内では、かつてパラチオン（ホリドール）、スミチオンなど有機リン系殺虫剤による人身事故が起こり問題になったことがあった。この有機リン系殺虫剤は神経線維の情報連絡部位であるシナプスにあるアセチルコリンエステラーゼという酵素に結合し、普段その酵素が行っている清掃作用を抑える作用がある。

アセチルコリンという物質は情報を伝える信号の役割を持ついわゆる神経伝達物質の一種であるが、シナプス付近に滞留すると情報の流れが異常になるので、この酵素がアセチルコリンを次々と分解して掃除する役目をもっている。このメカニズムは、昆虫はもちろん人を含むほとんどの動物で同じように働いている。だから、使用を誤れば人も死に至る。

その後の改良で、牛、豚など大型の家畜や人に対して阻害作用は低いが昆虫には十分に効果を及ぼすという、比較的安全な殺虫剤としてネオニコチノイドが登場した。このネオニコチノイドという化学物質は、タバコに含まれるニコチンに似た構造をしており、シナプスでアセチルコリンが本来くっつくべき部位にはまりこみ、情報伝達をかく乱する。それで昆虫を死に至らせる。

しかし、人あるいは生態系に多大の恩恵をもたらすミツバチやいわゆる益虫に深刻な害を与えるとなると、これは大いに考えものである。最近では人に対する安全性という面でも疑問視する意見がＮＰＯの一部などから出始めており、新たな環境問題として浮上する可能性が気になるところだ。

他方、南北を指す地球の磁気がミツバチ体内の磁気センサーに働きかけて、方角を知る定位行動を補助するという研究も昔からある。家のすぐ近くに建てられた携帯電話中継アンテナ塔も磁気環境を乱す可能性があり、これも心配なところ。

実際にハチを飼うことで、地域の環境あるいは生態系の物理的・化学的基盤が浸食されているかもしれない現実にいまさらのように気づかされた。生態系の総合的な保全活動が大事になってきていることを肌に感じる。

2章

ミツバチの暮らしをのぞいてみる

ミツバチ観察、その体はどうなっている？

まずは数が最も多い働きバチから調べてみよう。巣箱から飛びだしたところを昆虫採集の手網で捕まえ小型の水槽用ガラス箱に1頭だけ入れて観察を試みる。当初は網をフタの代わりにかけ、底には砂糖水を小皿に入れて隅に置いておく。当初はたいてい落ち着きなく動き回る。これがハエなどだと世慣れた風にすぐに落ち着いてきて砂糖水などをすするが、ミツバチは、それどころではない、といった感じで飛んだり、歩いたり。「妙な所に迷い込んだが私にゃ急ぎの仕事があるんだ」と焦っているみたいに見える。さすがに動き疲れてくると砂糖水に口吻《くちばし》を伸ばして一服することも。そのときにはじっくり体全体を観察できる。

昆虫の特徴である頭部・胸部・腹部の3つに分かれ、胸部には翅2枚（実は4枚だが、前翅と後翅が軽くくっつけられて1枚に見える）、肢が1対ずつ計6本。頭でまず目立つのが大きな視覚器である複眼が左右1個ずつ。額の真ん中のところには単眼という1枚レンズのものの3点が集まっているが、これは虫眼鏡がないと分か

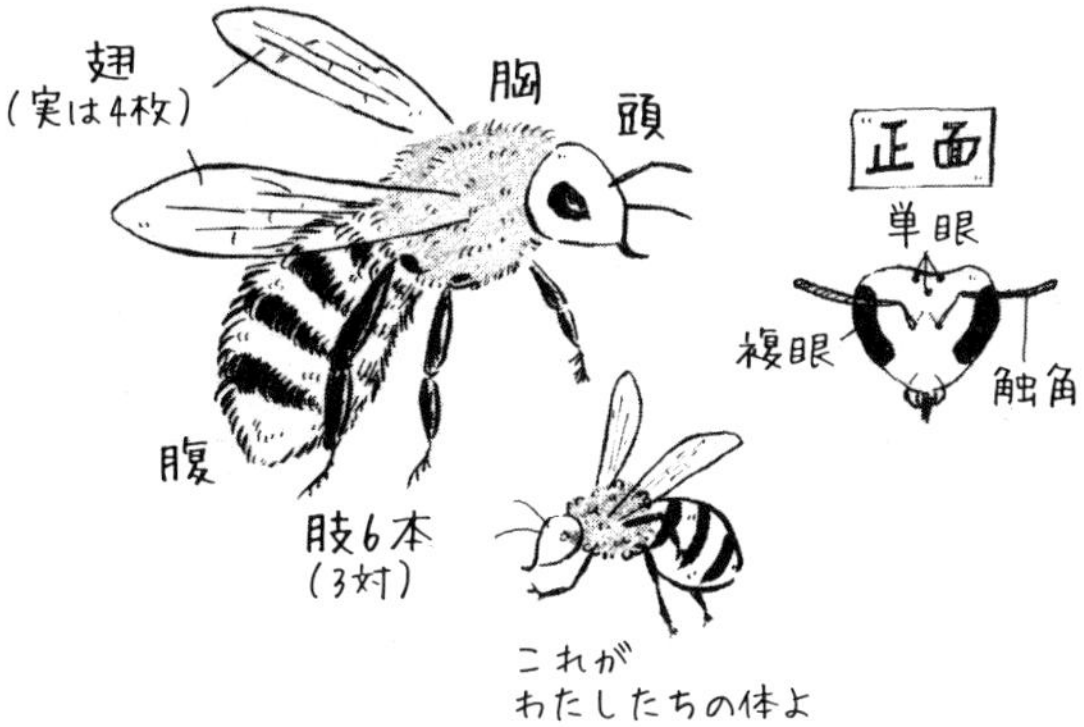

りにくいほど小さい。２つの複眼の間から触角が左右１本ずつ飛びだしている。触角は匂い感覚器のほか、味覚器、振動や音の感覚器、温度・湿度感覚器など情報を収集する様々のセンサーがぎっしり詰め込まれている。

頭部や体全体をよく見ると、剛毛という細かい毛などが見られる。これらは体をクッションのように守り保温に役立つだけでない。例えば首の回りをふかふかの毛が覆っているが、これも毛の形をした感覚器の一種（機械的センサー）で、頭にかかる重力の方向を知るのに欠かせない。このそれぞれの毛の根元から神経線維が食道《しょくどう》下《か》神経節《しんけいせつ》（脳の一部）というところへ走って情報を逐次送っている。

後ほどミツバチが得意とするナビゲーション（飛行術）やダンスによるコミュニケーションの話が出てくるが、そこでこの感覚毛が重要な役割を果たしていることを説明することにしよう。

口器にはヤットコかペンチのような大顎があり、ほかに液を吸いとれるように管状になった部分があり、その両脇に鳥の羽のような形の外葉《がいよう》が左右1本ずつある。これも小さくて虫眼鏡か顕微鏡でないと分かりにくい。外葉には細かい毛状の味覚器が多数生えていて、味を感じとれるようになっている。

毛状味覚器はこのほか、肢の先とか、あまり知られていないが前翅の前端部に並んでいる（触角にもあることはすでに紹介した）。私たち人間では味覚器は口の中の舌にあるだけだが、ミツバチの味覚器があちらこちらに付いているのは、歩き回ったり花にもぐったりするときに蜜の糖など餌をチェックしやすいからであろう。

ミツバチも循環系として体内の背側に心臓をもっているが、魚や哺乳動物などの心臓とは異なるチューブ（管）状の筋肉の塊である。体内には毛細血管を欠くが、代わりに気管が細かく張りめぐらされ酸素を各組織にもたらす。昆虫の血液中の糖、つまり血糖は、普通はトレハロースというもので、ブドウ糖2分子が向き合って結合した二糖類だが、ミツバチの血液にはトレハロースのほか、ブドウ糖、果糖が共存する変わった現象が報告されている。なお、我々ヒトの場合では、よく知られているように血糖はブドウ糖である。

胸部の背側に運動器官の翅があり、飛行をこれに頼っている。ミツバチを見ていてこれもいつも不思議に思うのであるが、ハエを見慣れた私からするとミツバチの翅の大きさが体の割に小さく思える。バランスが悪いというか、よくぞこのハエの翅くらいの大きさのもので、あの収穫飛行で見せる複雑活発な飛行ができるものだと感心する。蜜を一時的に貯めておくタンク（蜜胃）を満タンにすると重くて飛びにくいのだろうが、それでも飛んでいる姿はとてもいじらしい。

それでももっと考えてみると、この翅の大きさは合理的なのかもしれない。もし、モンシロチョウやアゲハチョウのように体のわりに大きな翅をもっているとすると、翅を今のように毎秒260回ものせわしさで動かすことは無理であろう。空気の抵抗をなだめながらフワリフワリと舞うように翅を動かすことになり、そうなると通常出せる毎秒6メートルあるいはそれ以上のスピードは出せないし、体の動きを機敏に操作することもやはりかなわなかったのではなかろうか。遠くまで出稼ぎに出て巣まですばやく花蜜を持ち帰る芸当みたいなことは無理。矛盾を含んだ様々の設計上の要請に対しバランスをとった最適な値が今の姿なのかもしれない。とはいえ、ミツバチの飛行は航空工学の常識から見て大きくはずれた謎の領域があるそうで、いまだに研究者の関心の対象になっている。

翅は既に書いたように運動器官、感覚器官としての役割があるが、そのほか、振動音を出すことでコミュニケーションに与《あずか》る重要な発音器官でもある。ミツバチは、よく腹部を左右に振る動きを見せるが、そのとき、翅の振動が変調され、ブルルルという振動波を出す。これはダンス言葉と呼ばれるコミュニケーションでの重要なシグナルを受けもっている。

ミツバチとハエ

同じ訪花昆虫（花粉媒介者）でもミツバチとハエ（例えばクロキンバエ）では異な

る点が多い。ミツバチは社会性昆虫だがハエは違う。ミツバチは、巣のコロニーの数千ないし数万匹が共同し、まるで1個体のように複雑だが調和のとれた生活をしている。それに対しハエは個体がそれぞれ別個に独立し、互いにはほぼ無関心に生活する。

博物学で名のあるジョン・ラボック卿の言に次のようなものがあったとか。

まずガラス壜の中に半ダースほどの蠅と同数の蜜蜂を入れておく。つぎに壜を水平に寝かせて、底の方がアパートの窓に向かうようにする。すると蜜蜂のほうは飢えか栄養失調で死んでしまうまで、何時間でも

壜の底の側に出口をみつけようと必死になるだろう。それにたいして蝿は、反対側の壜の口から、二分もたたないうちに全員が抜け出しているであろう。

だからミツバチはハエに劣るというような結論だと。しかしこの解釈には問題があると、ミツバチにゾッコンだった作家メーテルリンクは書き連ねる……。

ためしにこんどは透明な壜の底と口とを交互に二〇回明るい方に向けてみるとよい。この場合、蜜蜂は二〇回とも光のさすほうへと全員同時に向きを替えるだろう。（中略）換言すればあまりに論理的に行動しようとしすぎたわけである。

（『蜜蜂の生活』工作舎）

ここでの彼の考えでは、ガラスは本来自然に存在しないものであり、ミツバチは光のさす方向に解放の糸口があると当然に思いこみ、それに応じて行動したというものであろう。つまり、頭が良いだけに、この前進できない障害が容認しがたく理解しがたいものと思うのだと。

このメーテルリンクの解釈はともかくとして、壜にハエやミツバチを入れる実験はいろいろ難点があるのではないだろうか。環境に対し神経質なミツバチだと狭くて変な所に入れられてパニックのようになることもありうる。ある程度知恵があるからというメーテルリンクの結論はうなずけるところがあるかも。前に出てきたように、空間に余裕のある水槽くらいのガラスの箱を使うほうがまだましである。振動や音の反響の影響を考えると、箱のふたはシルクか目の粗い網が良い。先に書いたように、このくらいの余裕のあるガラスの箱をもちいると、右記の壜を使った実験とは異なる結果になったと思う。

ハエはミツバチと違って個体同士の相互作用が希薄だ。ただし、アダルト（成虫）になると、異性との交尾の時期では社会的関係をもち、性誘引フェロモンも使われることもあるが、終わればバラバラ。子育てもしないで産みっぱなし（社会性昆虫でなくても子育てみたいなことをする昆虫がいないでもないが）。自前の大きな巣の中で、ひとつ、またひとつと小部屋の個室に卵を産みつけられ姉たちが手厚く世話をするミツバチの卵とは大違い。こういうと全く無責任な親像が浮かぶが、ハエの雌が卵を産みつけるにはそれなりのことをしている。クロキンバエの場合、レバーなど餌を置いておくと、探し出して数百の卵の塊をそこに産みつけるが、その前に、尾部にある細長い産卵管を伸ばしてチェックする。その先端部には化学センサー（化学感覚毛）があり、塩類やアンモニア、炭酸ガス、ヘモグロビンなど環境をチェックして、ＯＫならば産みつける。

レバーに1匹が産みつけると、ほかの雌バエも次々来て産みつける（ここでもフェロモンが使われる場合がある）ので、小指の先くらいの卵の塊ができる。これが集団で孵化し幼虫（ウジ）の群れになり、レバーをドロドロに液状化させ、消化しやすいものに変える。このときウジから抗菌剤と消化酵素が分ぴされる。この能力に注目して、最近一部の病院では、外科手術後の壊死組織の除去に無菌ウジが導入され使用されている。

ガラス壜の中に子供のこぶし位の大きさの鶏レバーと小指の先ほどの卵塊を入れておくと数日で様子が一変する。レバーの塊がすっかりウジの大群に「変換」されているのに驚ろかされることも。代謝と遺伝子の働きのすごさを感じさせる。

クロキンバエは、卵を産むには腐肉やイーストなどのタンパク質を必要とするが、他方で花の蜜が重要な餌であり、特に匂いの強いニラの花などを訪れ、花粉の媒介をしている。

国内でもある種の熱帯性果物の産地では、ギンバエによる花粉媒介を頼みとしてきた地域もある。ミツバチに比べてハエは人には嫌われ者だが、このような「隠れた善行」もある。

ビーリンガル
マスター
作動！

BEE

ミツバチBee子、またまた登場

ミツバチといえば大概のヒトが刺すものと思ってるみたい。まったく失礼しちゃうね。普通はヒトが危害を加えない限り積極的に刺しに行くことはないの。その刺す武器はお尻のところにあって、毒液を注入する仕かけが付いてる。この針は産卵管が変形したもの。だから雄バチは当然、針がないので刺

すことすらできないの。

雄バチを知らない？　私らより少し体が大きく黒っぽくてズングリした体で、複眼が大きいのが特徴。巣箱に帰ってくるときにぎやかな音を立てて飛び方も荒っぽい。ミツバチ暴走族といった行動からすぐそれと分かるわよ。女王様は立派な針をもっていてさらに体長が私らよりもっとあって腹部が長いの。この針は王女姉妹同士が女王の座を争って命がけの決闘をする場合に使われるの。めったにないけどその争いはそりゃ凄まじいんだから！

巣の中はどうなっているの？

巣箱の中を見ると、箱内に巣板という蝋《ろう》（ワックス）からできた主な構造物が何枚か見える。この巣板には、巣房《すぼう》という六角形をしていて、赤ん坊の小指がちょっとだけ入るくらいの小さな穴がズラリと一面に2千個ぐらい並んでいる。この小部屋（巣房）に、蜜や餌になる花粉が貯められる。

また、空いた小部屋には女王バチが体長3ミリくらいの卵をひとつずつ産みつける。それらが長じてさなぎなどへ育てられる大事なところ。養蜂のための巣箱では、四角の口の字型木枠に巣楚《すそ》という人工のワックス板が貼られ、その表面に数千ものきれいに並んだ六角形パターンがかたどられたものが10枚ほど納められている。ハチはこのパターンをもとに巣板を完成させる。

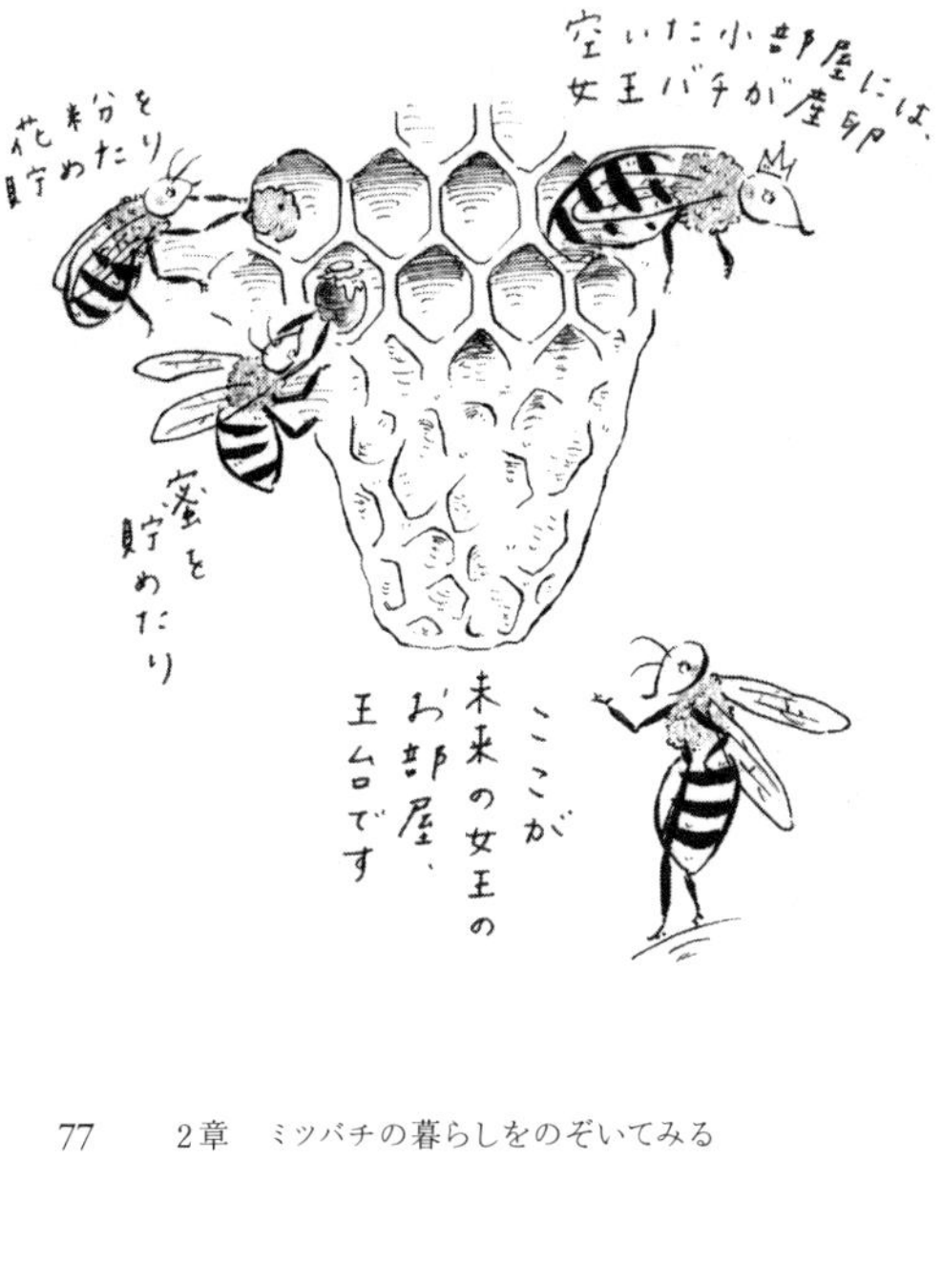
空いた小部屋には、
女王バチが産卵
花粉を
貯めたり
蜜を
貯めたり
ここが
未来の女王の
お部屋、
王台です

この枠を1枚1枚取り出し、その表面で働くハチや女王の様子を点検することができるし、蜂蜜を採る際にはその枠1枚を遠心分離機にセットして回転させると、遠心力で蜜が飛びだすので、うまく蜂蜜だけ回収できる。自然の状態では、巣板が何枚か並んでひと塊の巣として作られ、ハチの生活の場となる。

ところで、ここでひとつ強調しておきたいこと、それは巣の中が、樹の洞《うろ》のような自然の物でもまた人工の巣箱でも、一般には暗いということ。入口はごく狭く、巣内には巣板も多数場所をとっており、外の光は巣の内側にはあまり届かない。ミツバチはためらうことなく明るい外の世界から暗い巣内に入っていく。私が巣箱をじっくり観察できるようになって浮かんだ最初の疑問はこのことだった。

昆虫の多くは光に向かう性質がある。室内灯を消して窓辺に昆虫を入れたガラス箱をもっていくと、昆虫は、ミツバチも含めて、窓側の明るい方にすばやく寄っていく性質をもつ。そのまま箱だけ水平方向に回してやるとそれに合わせて明るい方へと移動する。だれでも簡単にできる行動実験だ。この性質は「走性」という本能的行動の一種で、光に反応するから「走光性」という。ハエの場合も全く同様の反応を見せる。ヒトのサラリーマンたちが、暗くなると赤ちょうちんの方にふらっと惹かれていくのはなんというのだろうか？　走光性というより走酒性といった方がましかも。冗談はともかくとして、強い走光性を示すミツバチが明所から巣箱の暗闇の中へ平気で入っていけるのはなぜだろうか。

日本におけるミツバチの行動生理学研究の草分けだった桑原万寿太郎教授（当時九州大学）の著書では、正の走光性から負の走地性（重力の向きと反対方向へ動く）への切り替えとして記述されている。なお、明暗の情報は複眼よりも額部分にある単眼でキャッチされる。

走光性をもつミツバチが進化の道筋で暗闇の世界にも適応するようになるまでには相当のギャップがあったのではないだろうか。本能行動あるいは定型的行動といわれる保守的で融通のきかない固定的な行動を、ハエをはじめ多くの昆虫で見るにつけ、この変化を不思議に思う。メーテルリンクも次の言葉を残している。

蜂の数ももっとも多く、守備も完璧であるような一族（筆者註：セイヨウミツバチのこと）にしかヨーロッパの冬を越せないようになっている事実を見ても、この昆虫の聡明な発意というものが自然淘汰のなされる過程で承認されたのは明らかである。以前は本能に反する着想だったものが、すこしずつ本能的な習慣になってきたのだ。とはいうものの、こうして、大好きな自然のひろびろとした光をあきらめて、切株や洞穴のうす暗いくぼみに居を定めるということは、はじめは、恐らくは観察、経験、推理を積んだうえでの大胆な着想であったろうというのもやはり真実である。この着想は人類にとっての火の発明と同じくらい、飼育蜜蜂の運命にとって重要であったといっても過言ではあるまい。

(『蜜蜂の生活』工作舎)

ミツバチのもつこの思いきった行動の転換の選択については、ドイツのタウツ博士も「創発」として注目しているようだ。ここでいう創発とは、予期しなかった新しい特性が進化の途上に出現することをいう。特に、全体は部分の足しあわせ以上のもので、部分のときにはなかった性質が出現すること。ミツバチについては、それぞれの個体になかった特性が超個体に現れることもそのひとつ。

なお、私が在職中にはよくこの「創発」という耳慣れぬ言葉を耳にし、また活字で読まされた。例えば、大学や大学院に新しく講座や授業科目が設けられようというときに、しばしば持ち出される新鮮で魅力的なネーミングとして。まさかミツバチの世界にこの言葉が登場してくるとは、その当時は想像もしなかったが。

ミツバチは巣の中では大変なきれい好きだ。多いときは数万匹もいるので巣内では清潔を保つため排泄をしない。その必要があれば巣の外にする。女王さんの分はお付きのものが運び出す。

厳しい冬の積雪の時期、ちょっと晴れて少し暖かいと感じられるときに、巣箱から数十匹のハチの群れが出てきて盛んにあたりを飛び回るのが見られた。また巣内から仲間の死がいなども運び出していた。おそらく、このときにそれまで腹部の直腸にたっぷり貯めていたものを排せつするのであろう。保温のために巣箱に巻きつけた発泡スチロールに点々とシミがついているのが見られた。なぜか白いもののところに排せつするので、洗濯物に被害が出ることがある。

米国の昆虫学者シーリー博士の話によると、1981年、タイと国境を接するラオスとカンボジャのある地域で菌類毒素を含む黄色の雨のような痕跡が見つかり、化学兵器が散布されたのかと騒ぎになった。要請を受けて博士が調べたところ東洋系のミツバチの剛毛と花粉の消化ずみのものが見つかり、ミツバチの糞と判明した、との体験談がある。今ではちょっと遠い米国―ソ連対立の冷戦時代の秘話だが。

ミツバチそれぞれの仕事は？　〜ある日のミツバチの動き

冬を乗り切ったミツバチのコロニーは花の咲く春にせっせと花蜜や花粉を集め、育児も盛んとなる。女王バチは巣房の小さな穴に次々に卵を産みつけていく。その数は1日1500個ほどにのぼる。産みつけた後の育児も大変だ。母1頭では全く手が足りない。『西遊記』に出てくる孫悟空なら、自分の毛をむしって吹き、たちまち分身のサルを多数作りだすところだが、ミツバチ母の分身として遺伝子の手を借りて巣の中に登場するのは娘たち。つまり働きバチが世話に当たってくれる。

産み落とされた卵が働きバチの場合、約3日で幼虫になり、さらに9日たつとさなぎになる。羽化の時期になると巣房のフタを食い破り、成虫となって出てくる。それまで8日ほどかかる。

春には、次の世代の女王となる卵が、巣の下部にある王台《おうだい》と呼ばれるいくつかの特別仕立ての小部屋に産み落とされる。王台はひとつのコロニーで3個から10個ほど。その中で育てられる未来の女王候補たちは幼虫になって以降、ローヤルゼリー

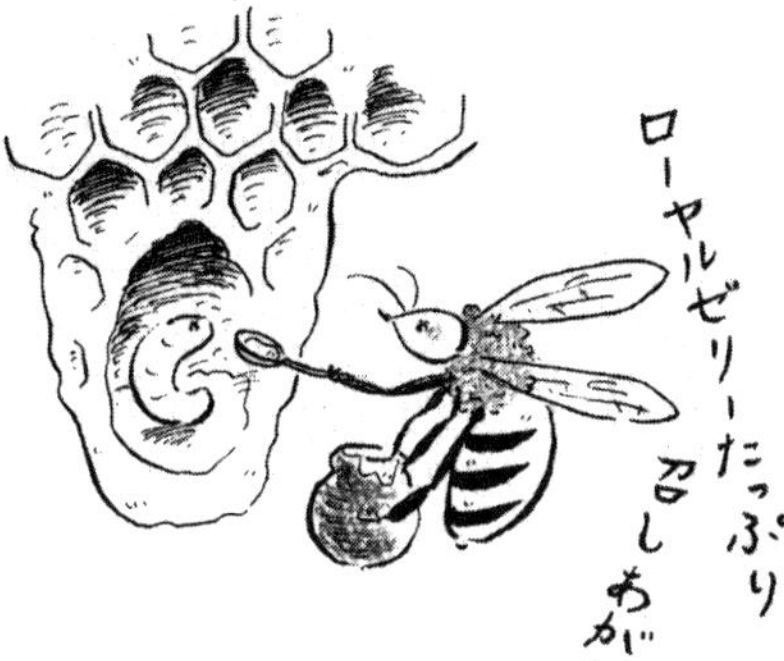

をずっと与えられ大事に育てられる。

ローヤルゼリーは、働きバチの体内に餌として取り込まれた花粉と蜂蜜をもとに作られる。このゼリーは糖類もあるが、蜂蜜とは異なりタンパク質、脂質を多く含む。アセチルコリンもわずかながら含まれており、神経の生理活性に効くといわれる。

このゼリーは幼虫を育てるには理想的な食品だ。女王バチも宮廷バチを通してこのローヤルゼリーのみを与えられる。今や人までがこの健康食品の魅力に取りつかれて、ローヤルゼリー入りと銘打ったドリンクが市場にまで現れている。最近では体内の放射性物質の除去を速めるという研究成果も発表されている。

女王候補者ではない一般の幼虫も初めの3日ほどはこのゼリーの類が与えられるが、途中から花粉と蜂蜜の餌に切り替えられる。幼虫の雌同士はいずれも女王が産んだもので、遺伝的には同等である。だが摂取する食物によって、体内の遺伝子のスイッチがまるで鉄道の転轍機《てんてつき》のように働いて、「女王バチ行き」レールに入るか「働きバチ行き」レールに入るかの切り替えがなされることになる。

図1

女王バチは専ら生殖にあたる唯一の雌バチだ。その名前のように絶対的権力をもって巣の中にあって専制支配をするというわけではない。彼女の産む雌バチはほとんど大部分が働きバチとなり巣の中のさまざまの雑役、例えば若い順に、掃除、巣作り、蜂蜜貯蔵係、子育て、女王の世話、巣内のパトロール、門番そして外勤で収穫役をほぼ順繰りに受けもつ（図1）。

巣作りの場合、例の六角形の巣房の集合するアパート本体を作りだすのだが、素材となるのはコンクリートと違って主にワックスつまり蜜蝋だ。しかも餌として取り込んだ蜂蜜を材料にして自分の体から蜜蝋を分ぴしそれを口で加工して、左官みたいに器用に部屋を作りあげていく。

育児係は花粉を糧として取り込みローヤルゼリーを作って幼虫に与えることは先に書いた。外から運び込まれた花蜜を受け取るのは、蜂蜜貯蔵係。受けとって例の巣房に入れ、時には吸い込んだり吐きだしたりして空気に触れさせ水分を蒸発させ濃い蜜にしあげる。このように歳とともに分業の中味が変わり、高度になるが、そのタイミングには、ホルモンの関与がいわれている。

女王から分ぴされ体の接触で渡される女王物質が、女王の多くの娘たち（つまり働きバチ）の卵巣発達を抑え子供を産めないようにしている。この物質はフェロモンの一種で階級分化フェロモンということがある。このように王女相当のものを召使いに降格させるというのは、一見残酷な仕組みのように思われるかもしれない。しかし、ミツバチ遺伝学の研究者が明らかにした世代間の遺伝子の特殊な流れから考えると、働きバチが生殖能力を放棄してその姉妹のために生きるのは、自分の持つ遺伝子を後世に残すという意味では合理的ともいえる（詳しくはタウツ博士の著書『蜜蜂の世界』丸善株式会社を参照のこと）。

なお、分蜂で巣を出た場合の住処探索の役は誰が担うかということだが、やはり、老練な収穫バチから選ばれているようだ。巣を探している探索バチを捕えて歳（といっても日令だが）を調べてみると、もうよい歳になっているとか。顔を見てもシワが出ているわけでないので、この実験では、あらかじめ羽化してきたハチそれぞれの体に同期生ごとに絵の具で特有の色を付けているので、歳を知ることができている。

働きバチの寿命は短く、1カ月あまり（ただし冬期は3カ月ほど）だが、女王バチは3ないし4年と長寿だ。

一方、女王の産む雄バチは春から夏にかけて産みだされてくる。彼らは「なまけもの（drone ドローン）」と呼ばれるように、巣のための雑役をほとんど行わず専ら生殖にあたる。昼過ぎになると巣を飛びだして遠くの別のコロニーの若い女王との交尾の機会（はなはだ成功率は低いのだが）を狙う。しかし、生殖の時期が過ぎる9月ごろになると、無用となったものたちは巣から追い出され、餓死する厳しい現実

が待っている。男性として深ーい同情を禁じ得ない。ミツバチのコロニーは「アマゾネスの社会だ」という人もいる。

ビーリンガルマスター作動！

BEE 雌《おんな》の一生を語る

雄なんてグウタラでほとんど役に立たないんだから。

私たち雌バチだけで何でもやれちゃう。

私もいろんな役を順繰りにしてきたわ。どれも大変だけれど。え？　なんでそんなに熱心なのかって？　それはやはり、家族だからね。でも子供さんたちに世話するのも骨が折れる。口移しにローヤルゼリーをあげて早く一人前になるようにと撫で撫でしたりしてね。このゼリーもお母さんのミルクじゃなくて姉からなので〝姉妹ミルク〟なんて言う人もいる。子供さんといってもほんとは私の妹か弟なの。私ら働きバチは子供を産まないけど、一生働くことで一家を支えているの。

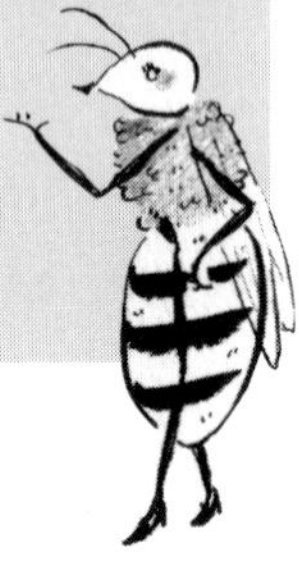

偉い学者さんは、私がもし仮に子供を産んだとしても、私のもっている遺伝子は50%しかその子に行かないけど、妹には平均して75%が行くので、妹を育てる方が遺伝子を残す上では有利だなんて言ってるけど。私はただそうしたいから世話をしているだけなの。でもヒトって変な計算をして満足する奇妙な生き物ね。

私らは頭デッカチだからね。だが、ヒトの世界でも女性優位の時代が迫っていると言う者もいる。この日本でも肉食系女子に草食系男子などという言葉が登場する時代だ。もっとも、私なんかその草食系男子とやらのハシリみたいなものだったか。もう半世紀も前だから完全に時代の先端を行ってたことになるナー。

ちょっとT作さん、それって威張ることなのかしら？　でも、オタクらのところでは、そのうち〝強い男子をとりもどそう！〟などといったスローガンが飛びだすかもしれないネ。

3章

太陽とミツバチダンス

ミツバチのふしぎな能力

ミツバチはアリやシロアリのような真社会性昆虫といわれるものの仲間で、コロニーが女王、働きバチ、そして季節によっては雄バチ数百頭を含む集団、数千から何万頭ほどの大集団、がひとつの巣に棲み、バラバラではなくてまるでひとつの個体のように機能的に暮らしている（これを超個体という）。

例えば、巣箱の空気中の炭酸ガス濃度が上がると、多くのハチが参加し翅を動かし換気を行う。まるで私たち1個体のもつ肺の器官のように。

夏の暑すぎる気温になると、巣門近くに働きバチが出て外の冷気を入れるように羽ばたき、さらには水を振りまいて気化熱で温度を下げようとまるでエアコンなみのこともするし、冬の寒さの厳しいときは、塊になって翅を動かす筋肉を震わせて熱を発生させ、外が摂氏マイナス10度でも巣の深部は35度の温度を維持する。

ほ乳動物はいわゆる恒温動物で、人なら体温を36度くらいに一定に保てる。その恒温動物1個体の呼吸や体温維持相当のことをひとつのコロニー全体でやっている。

分蜂後の新居を決める場合のように意思決定も、探索バチの集団が協同してまるでひとつの脳が働くかのように行われる。女王バチは司令センターというよりはむしろ生殖器官、とくに子宮に相当する。

ミツバチのもつダンスによるコミュニケーション能力も「虫らしくない」不思議な能力といえよう。ミツバチはもちろん花の蜜や花粉を探して巣に持ち帰るのだが、その働き方は大変システム化されている。花であればどれでもよいすぐ採りに行くという個人（個蜂）プレーではなく、豊かな蜜をもつ花のある餌場を見つけた探索バチが、巣に戻ると仲間に餌のありかを、8の字を描くダンスで方角と距離の情報をもたせて示していることを、フォン・

フリッシュ博士が見出し世界的な反響を呼んだ。博士によると、

ミツバチのダンスは、まず、良い豊富な餌がある時のみ解発されるという事実により、大きな生物学的意味を持っているのです。多くの者を召集するに足りない収穫であれば、ダンスは行われません。

（『ミツバチとの対話（フォン・フリッシュ講演集）』東京図書）

ということだ。

かなり昔、アリストテレスの時代から、ミツバチが巣でダンス様の動きをすることは知られていた。例の名著を著したメーテルリンクも『蜜蜂の生活』（工作舎）で次のようにダンスについて書いている。

……壁のいたる所で、何百という働蜂が必要な温かさを保つために、そしてまたわれわれにはわからない目的のために、翅をうち震わせ、ダンスをしている。よくわからない目的のためにというのは、彼らのダンスには特別な

秩序だった動きがあって、それが、私が思うにはいまだかつていかなる観察者も看破しなかった何らかの目的に応じているにちがいないからである。

さすがに作家でありながら熱心な養蜂家で実験家でもあったメーテルリンクの観察力はすごい！　いいところを突いていた。そのダンスの意味を初めて看破したのがミュンヘン大学教授だったフォン・フリッシュ博士。ミツバチもそのダンス発見を通じて、気のきいた社会生活の世界を同胞以外に公開することになった。

このダンスを用いたコミュニケーションと、後に出てくる偏光も含め太陽を利用したミツバチのナビゲーション・システム「太陽コンパス」に関する研究、そのほかの業績などが世界中で高い評価を受けた。

博士には、「個体的および社会的行動様式の組織化と誘発に関する研究」に対し1973年度のノーベル生理学・医学賞が授与されている。このフォン・フリッシュ博士のダンス・コミュニケーションは世界的に有名で、日本でもかつて小学校の国語教科書に教材でとりあげられたほど。

1980年代終わりごろだったか、私にはたまたまミュンヘン大学の動物学研究所を訪れる機会があった。玄関扉の両脇を飾っていたのは、鳥、カエル、昆虫、クモなどを大きく描いた浮き彫りだった。その建物自体は幸運にも戦時下の空襲を免れ、1932年ごろの建設当時の姿をほぼ留めていた。その建物の玄関ロビーにガラス張りのショーウインドウがあり、〝DIE SUPRACHE DER BIENEN〟(ミツバチの言葉)と銘打ったフォン・フリッシュ博士のノーベル賞受賞を記念する様々の実験装置や資料が展示されていた。内部を観察しやすいようにガラスをはめたポータブルの巣箱や記録ノートなどたいそう興味深かった。

フォン・フリッシュ博士とともに同時受賞したティンバーゲン、ローレンツ両博士も、動物の本能や学習のメカニズムなど「行動の生物学」の研究で時代を画す研究成果をあげており、医学や医学系の生理学分野での受賞がほとんどだったこのジャンルで、理学系の動物生理・行動学からの受賞は珍しく、当時、話題を呼んだ。

ちなみに、フォン・フリッシュ博士もそうだが、ローレンツ博士も一般人向けに分かりやすく魅力的な本を少なからず書いていて、たとえば『ソロモンの指環

（動物行動学入門）』（日高敏隆訳　早川書房）は、以前、日本図書館協会の選定書にもなり、広く読まれた。この題名は、ソロモン王がある指輪をすると動物たちと会話ができたという旧約聖書中の伝説からきている（この王の指輪は「バウリンガル」や「ビーリンガル」の源流ともいえるものなのだろうか）。文中でも、ローレンツ博士が鳥のガンとブロークンなガン語で話すエピソードが愉快に語られている。

踊りまくるミツバチたち

「8の字ダンス」あるいは「収穫ダンス」といわれるミツバチ独特のダンスでの動きを図2（98ページ）に示した。

ミツバチはたかだか1ないし2センチ程度直進し、左（または右）に半円を描くようにターンし元の位置に戻り、前と同じように直進し、今度は逆回りのターンつまり右（左）回りをする。ちょうどアラビア数字の8の字を平たくつぶした

8の字ダンス
〜収穫ダンス〜
あっちにいい蜜の花があるわ!!
直進部分が餌の方向を指す
1
15秒に何度ターンするかの頻度
距離を表す
ダンスのスピード
2
ブブブブ
腹部を震わす時に出る振動音の長さも距離を表す
3
素晴らしい餌の場合、ダンスは勢いがあり、ターンも幾度も繰り返される
4

図2

ようなパターンを描くしぐさを繰り返す。直線部を進むとき腹部を左右に周期的に震わせ、翅の振動をブル、ブルと断続的な音にして出すので、「尻振りダンス」とも呼ばれる。ほとんどその場にとどまるかのように小回りで右回り左回りと交互にダンスを繰り返している。

フォン・フリッシュ博士はガラス張りの観察巣箱を使い、このダンスの直進部分が餌場の方角を、またこのダンスのスピードあるいは15秒間に何度ターンするかといった頻度が距離を指していることを野外の実験を重ねてつきとめた。時代劇映画で観る江戸の火事場面では、火の見やぐらの半鐘が火事場に近いほど早く打たれ遠いほどゆっくりした調子で打たれるシーンがあるが、そのような違いがダンススピードにも込められている。このように、ダンスのパターンに位置情報が見事に託されていたのだ。

その後のほかの研究者らのさらなる実験で、腹部を震わすときに出る振動音の長さ（持続タイム）が、距離をある程度正確に表していることが明らかにされている。例えば1秒間が約1キロに相当する。なお、餌場が50メートルないし100メートル以内と近い場合は円形のダンスに変形したものになり、方角の情報はない。近くにあるから探せという意味になるといわれる。

ダンスのほか、体についた花の匂いも情報として使われる。仲間の発する「おねだり信号」の羽音に応じて、採ってきた花蜜をちょっと吐き出してサンプルとして仲間に与えることも多い。花の匂いのほか糖の濃度とか味の質の情報もこのときに伝えられる。

ミツバチは花蜜の甘さを重視して花を選ぶのか？　実験報告によるとその通りのようだ。ミツバチの偵察員は、良い餌を見つけると巣に戻って報告のダンスを踊るが、糖が濃く量のある素晴らしい餌の場合、そのダンスは勢いがあり踊りのターンも幾度もくり返されることが明らかになっている。

ところで、自分のダンスを公衆に披露する前に、自分のチェックした花蜜がどの程度に良いかを当のミツバチは知っているのであろうか、という誰でも抱く疑問は昔からあった。花蜜を運んできた収穫バチは、巣に帰ると貯蔵バチにそれを受け取ってもらう。貯蔵バチの方が次々もちこまれる蜜の比較ができ、したがって評価ができ、良い蜜を持って来た収穫バチの荷降ろしを優先するという説がひところは有力であった。

受け渡し場が立て込んでいるときに質の悪いものを運んできた収穫バチはなかなか相手にしてもらえず、それがもとで報告のダンスを止めてしまうとか、ダンスするにしても迫力のないものになると。しかし、その後、それぞれの収穫バチ自身が自分の見付けた花蜜の評価をできるという有力な説明が現れている。


野外実験で、蜜源として造花にいろいろの濃さのショ糖液（10％から60％まで6段階）をそれぞれごく小量の100分の1ccずつ入れて観察したところ、濃度が上がるに従って巣箱に戻って踊るダンスのターン数が上がっていくのが見られたと報告されている。ただし50％くらいの濃度でそれは頭打ちになっている。なお、この実験で生花でなくて造花が用いられたのは、花蜜代わりのショ糖の量を同じにすることはもちろん、自然の花の匂いや色の個体差が実験結果に影響しないように同じにそろえるとの配慮による。

同じ濃度のショ糖液をもつ造花2本を巣箱から同じくらい近くに置いた場合、ミツバチは盛んにダンスをしたが、次に1本は近くに他方は遠くに置いてみたところ、遠くの造花から帰ったハチのダンスだけは低調になっていた。これは運搬コストが考慮されているようだ。

最近の研究では、餌場から戻ったダンサーが巣の表面の踊り場でダンスを始めると、その機械的振動が情報としてワックスでできた巣板を伝わり、遠くの仲間も呼び寄せるとか。これを研究しているドイツのタウツ博士は、「電話固定回線」と著書『蜜蜂の世界』（丸善株式会社）の中で名づけている。さしずめ「糸電話（原理的な意味で）のネットワーク」といったところか。このように様々の手段・ルートを通じて餌場の情報を得た仲間たちは、ガイドなしでその場所に採餌に向かう。

この尻振りダンスで花蜜や花粉のありかを指すばかりではない。水が必要なときに水のありかを指したり、巣を作るのに要る樹脂の出るところを指したり、さらには引っ越しの場合の新しい住処候補地を示す場合があることも分かっている。

このようにダンスによるコミュニケーションでは、必要に応じて指すものを替えるまるで言語のようなフレキシブルなものであることがうかがえる。なお、この引っ越しのところは後ほど詳しく話すことになる。

太陽コンパスの巧妙な使い手

太陽の位置を基準にして方角を決める羅針盤システム、つまり太陽コンパス、を移動に使う昆虫がいくらか知られている。例えばミツバチやアリ。ほかに鳥や魚の仲間にもある。太陽光はほぼ平行光線になって地上に届いており、地球上どこでも同じ方向から光がさすので、安定した基準線になる。目的地がこの太陽の位置から角度で何度ずれているかが分かればよい。ミツバチでの太陽コンパスの使い方は巧妙だ。巣から見て当の餌場の方向が太陽に向かって例えば角度で右40度だけずれているとすれば、報告者であるミツバチは巣の中に戻り、基準線の右40度を指す尻振りダンスをすればよい。

しかしここに問題がある。人工の巣箱もそうだが、自然の巣の中も普通光がほとんど入ってこないし、ダンスする巣の表面は通常は垂直に立っている、いわば断崖絶壁に登山家が取りついている格好だ。というと大げさだが、実際のハチは身軽で、肢の先（ふ節）を器用に使い気楽そうに巣板の表面を動き回っている。

太陽コンパス
40°
巣から見て、餌場の方向が、太陽に向かって右40度だけずれていると すると…
1
太陽の方向
40°
巣に戻り、太陽の右40度を指すダンスをする
2
では、太陽光の入らない暗い巣箱の中で、どうやってコンパスを使うの？
3
体にある感覚毛が、太陽光の位置のかわりに上下の方向、つまり重力を感じ、読み替えるのです
重力
4
図3

さて、そのように足場が垂直面にあって、日光がさし込まないのでは太陽コンパスの使い手としては困ったことになるが、ミツバチは代用のものを使っている。暗くても体にある感覚毛には重力方向センサーの役割を果たすものがあるので、まさに太陽光の位置の代わりに上下、つまり重力の方向、へ読み替えている。正確にいうと重力方向の逆、つまり下から上への線に対し先ほどの例だと右40度の角度で尻を振るダンスをすればよい（図3）。この情報の読み手のハチは、巣の外に出ると、実際の太陽光に対し右40度の方向に飛ぶことで正しく目的地が伝わる。もし餌場がちょうど太陽と同じ方角にあれば、探索バチのダンスは下から上に向かうところで尻を振ることになる。

いま簡単に「読み替える」という言葉を使ったが、これは虫にとっては大変なことで、「ミツバチのダンス言葉」をめぐる論争のタネのひとつになったこともある。

ミツバチの太陽コンパスとダンスの話をすると、結構興味を引くのか、聴衆や学生さんからの質問も多い。よくあるのが、「太陽は動くので基準にはできないのでは？」というもの。これは太陽の軌道運動（実は地球の自転による）に合わせてミツバチの体内時計で補正するらしいと答えて、何とか収まる。「太陽が真上に来たらどうなんです?」というのがあった。たしかに真上に来たら方角の基準にならない。「いい質問ですね。でも日本では厳密にはそうならないですよね!」と言ってから、実際に太陽が南中する北回帰線から南に位置するスリランカ、旧国名セイロン、で太陽の位置の重要性を確かめる実験を行ったリンダウアー博士のことを紹介した。

その地に生きるミツバチはお昼どきには巣に引っ込むのだが、ちょうど太陽が真上に来て日時計に影ができない南中時に、特別に良い餌を餌場に出した。すると探索バチが巣に帰ってからのダンスはでたらめで、正しい方角を示せなかった。ただしそれも5分くらいで、後は正常に示すことができた。太陽の位置が時間とともにずれて方角を示せるようになったからだと思われる。この実験結果は、ミツバチがまさに太陽の位置を基準にして行動していることを示している。

ちょうど、この逆で、良い豊かな餌を真上に置いたらどうなるかという実験も、これはフォン・フリッシュ博士によってなされている。50メートルもの高さをもつ州警察の通信用鉄塔の基部に巣箱を、そして鉄塔の最上部付近に餌を置いたのだ。このテストを受けたコロニーのハチは餌場までの距離50メートルでも8の字ダンスで方角を示せる優等生だったが、いかんせん、「上」を指す言葉がないようで、結局は、8の字ダンスでは示せなかった。この上空の餌場を見つけたダンサーは円形ダンスをしてあたりをさんざん探させ、仲間は結局この餌場にたどりつけたという。

先の話にも出たが、太陽が安定した基準線を提供するとはいえ時間とともに動くという欠点がある。ただし、でたらめな運動でなく正確な天体軌道運動なので、ミツバチは体に内蔵する体内時計で補正していると考えられている。

実際、陸上競技のマラソンのように何時間にもわたってなされるロング・ランのダンスでは、時間とともに尻振りダンスの直進部分が時計の針のようにごくわずかずつだが回っていく。そのずれは日時計の指時針の影のように、角度にして1時間あたり15度ほどになる。24時間に計算し直すとちょうど360度、つまり地球の1回転（自転）に相当する。このことから太陽光の位置の補正が成り立っていることが分かる。

花蜜を出す花はいろいろあるが、花によってはその蜜を出す時間帯が1日のうちでも決まっているものがある。ちょうどお目当ての花が咲くころを見計らって訪れるので、ミツバチが体内時計を持っているらしいことは養蜂家の間では想像されてきた。しかも、あたかも地域全体の花のそれぞれの開花と蜜出しの時期を考慮した計画にしたがって飛んでいるように見える。それで、養蜂家の多くはミツバチを知恵ある動物と褒めるのである。

ところで、体内時計の研究は今や生物学の重要なテーマのひとつとなり、ミツバチに限らず人も含め多くの動物での体内時計が研究されている。細胞、特に脳の神経細胞中のある遺伝子やさまざまの分子の動き、代謝のリズムが候補に挙がっているが、残念ながら満足のいく決定的な証拠はまだ得られていない。

太陽コンパスはほかにも欠点がある。それは天候により太陽が雲に隠され使えなくなること。それほど厚くない雲の場合、太陽から来た紫外線が雲をくぐり抜けて太陽のある位置をハチに指し示すと考えられている。また、太陽そのものは隠れていても青空がいくらか見えれば、方角指示は可能であることが、これもまたフォン・フリッシュ博士により明らかにされた。それが偏光の利用だ。

太陽が見えないときは…
青空がどこかに
見えると、
「偏光」を感じ取り、
太陽の方向が分かる
雲がそれほど
厚くなければ、
紫外線が
雲をくぐり抜けて
太陽の位置を
指し示す
あっちだ
あっちだ

偏光それ自体を人は感じ取ることができないということが、説明を少しややこしくしている。ここでは偏光を「特定の方向性をもつ光」としておこう。あるいは「角度情報をもつ光」という人もいる（残念ながら人には、偏光を見たときに明るさは分かっても角度情報は読めない）。光線それ自体は横波で、太陽から直接来る光はあらゆる方向に振動する成分を合わせもつので、特定の方向性はない。

一方、青空からくる光はたいてい偏光を含む。空中の細かいチリなどに太陽光が反射しそれが目に届くのだが、反射した際、特定の方向に振動する横波（偏光）の成分が多くなる。太陽が空（天球）のどの位置にあるかによってその偏光の振動方向と強さが特徴づけられる。簡単にいえば、青空の偏光のパターンつまり集合模様を見ることで太陽の位置が分かり、したがって方角が分かることになる。例え陽が落ちてもしばらくは、晴れた空に偏光のかなりすっきりしたパターンが見える。なお、偏光について巻末の「もっとサイエンス1」にいくらか詳しい説明を加えた。

先に偏光は人の目には分からないと言ったが、ミツバチ、アリ、ハエ、コガネムシなどのほか昆虫の多くが、さらエビ・カニの仲間、タコ、魚、鳥なども入れて100種ほどの多くの動物が偏光分析装置を目にもっているので、この偏光によってできる模様が分かる。いわば太陽コンパスの補助装置を内蔵していることになる。

一様な青さで晴れ上がった空を見上げるのは気持ちがよいもの。だが昆虫など小さな命がそこを熱心に見上げているのは、もっと複雑な模様の空だ。それを読んで生きる術にしている。同じものを見ていても全く違う世界にいるのかも。この地球は人だけのものではない。

ダンスによるコミュニケーション（ダンス言葉）や太陽と偏光を用いたナビゲーションは、発表当時、大変な反響を呼んだらしい。虫ごときがそのような高度なことをできるはずがないとの素朴な感想も多かったようだ。「結局は匂いによって導かれるのでは」との反論も相次いだ。研究者の中には、「8の字ダンスも単にミツバチの興奮状態による身振りで、人のみが勝手に解釈している」との辛口の批判もある。

しかし、いくつかの決定的ともいえる実験がなされている。ある研究者が空からの光を偏光板で受けて実際の偏光を人為的にずらしてミツバチに示したところ、ハチのナビゲーション行動にそれ相応の誤りがでた。

一方、デンマークの研究者らは、薄い金属板を加工してハチに似せて作った超小型のロボットバチを巣の中に入れ実験した。ロボットとしてはまだ素朴なものであったが、8の字ダンスをさせると探索バチを思う方角へ飛ばせることにほぼ成功している。

最近のドイツでのレーダーで追跡する大がかりな実験では、8の字ダンスの示す情報に沿って外勤バチが移動しているのが確かめられている。ただし、匂いの情報を全く取り去るとピンポイントでの着地にあいまいさが出るようだ。花の匂いが補助的な役割をしている可能性がある。

ビーリンガル
マスター
作動！

BEE

ミツバチBee子、苦情を吐く

ちかごろでは、ヒトの学者の中には、バーコードやＩＣタグをミツバチの背中に貼りつけ、巣門を出入りするときに読み取り器で記録をとって調べているみたい。もっとすごいのは、ミツバチにアンテナ付きの超小型の電波発信機を背負わせて喜んでるのがいるんですって。特製レーダーの電波に反応させ現在地をモニターするためだとか。ＧＰＳみたいなハイテクの導入で、いよいよ私らにとって個人情報というか個蜂情報がダダ洩れとなりそう。これだと全くおちおち昼寝もできない。Ｔ作さんは、変なもの私らにつけないでね！

う〜む。取りつけたいけど……、先立つものがない！

尻振りダンスはミツバチの言葉？

チンパンジー君との頭脳競争に負けたことがあった。京都大学モンキーセンターの若いチンパンジー、アユム君らは、研究者の助けでいろいろ学習し訓練を積んできたそうだ。テレビ番組でたまたまその様子を見ることができた。

テレビ受信機みたいなコンピュータ学習セットでは、記憶力と数字の処理を試すことができる。ブラウン管式モニターに1秒ほど数字、例えば1、2、3、4、5……9までの数字のうちのどれか5個の数字が同時に映し出されるが、その位置関係はばらばら。数字のカードをばらまいたようにまちまちの状態。そのそれぞれの数字はわずか1秒ほどで白の四角に変わる。いわば数字の眼隠しだ。それを数字が小さい順に、1があれば1から2、3と数が次第に大きくなるように四角を指先でタッチして指していく。5個の数字を正しい順序でタッチできれば正解。

「テレビをご覧の方もどうぞ挑戦してみてください」とか言うので家のテレビ画面で私もやってみたがあえなく不正解。なんと同時にやったアユムはすべて正解。

3回ほどやったがいずれも私の負け。テレビでは学生もやらされていたが、いずれもアユムが上。

担当の研究者の、「人の方が遅れをとるのが普通です」との言葉にひと安心したが、複雑な気持ちだった。わずか0・2秒程度の映像提示でも、瞬間的な記憶をする能力は人よりチンパンジーの若者の方が圧倒的に高いことが証明されているそうだ。これからは「おサルさん」と敬意を込めて呼ばなくっては！ 担当の方の解説では、人もかつては同じような能力をもっていたが、言語能力を身につける過程でそちらは後退したのかもしれない、とかいうことだった。少々記憶能力を犠牲にしても、言葉を獲得するメリットは確かに大きいものがあったろう。

ミツバチが言葉のようなものをもつということに、強い反発を感じる人も結構いる。言葉をもつかどうかは、人類を動物から区別する最後の牙城みたいなものだからか。以前は、道具を使うかどうかということも、ひとつの判定点であったが、今や道具使いは動物界に広く出てきている。例えば、堅い木の実を割るのにサルが石を使うとか、海の愛嬌者ラッコが石を抱いて貝殻を割るというのは良く知られた話だ。鳥のサギの仲間には羽毛を擬似餌のようにして魚を釣り上げるものがある。身近なところではカラス。クルミの堅い殻を割るのに、人の自動車に轢いてもらうように置き場所を調節することが知られている。クルミ割り人形ならぬクルミ割り自動車だ。

言語の定義や学問的解説はとても私の手には負えない。言語そのものの研究に深入りするのは止めにしたいが、次の生理学の方面からの古典的解説は書きとめておきたい。

私たちが梅干しを見ると唾液が自然に口内に湧いて出るのは条件反射という生理的な現象だ。消化器の研究で生理学者として1904年に初のノーベル生理学・医学賞をもらい、さらに条件反射の研究で学習の生理学的基礎を築いたのはロシアのパブロフ博士。彼は人間の言語は「第2信号系」だと、どこかで書いているのを読んだことがある。

体の中に張りめぐらされた神経の網は、大量の情報を素早く送り、体の運動や行動の調節、脳内の記憶や思考までも担う。この神経系のうち特に条件反射を行う部分をパブロフは第1信号系と呼んだ。しかし人類がほかの動物よりも大きな現在の発展を遂げることができたのは、言葉を使えるようになったおかげ。社会的な生き物である人類は、個人のもつ限界を越え、他人との協同作業を発展させてきた。

この人間同士の意思の疎通、広くいえば情報交換は、最初は身振りを含む単純な掛け声のようなものだったが、やがて条件反射をもとにした言語が発達し、複雑な内容の情報のやりとりができるようになった。第1信号系の働きは体内に限られている。体の外に向けて発せられ、他人に作用する言葉をパブロフは第2の信号系と呼び、これは人類に固有のものとした。いわば、第1信号系を体外に飛びださせ、あるいは拡張させたものが第2信号系としての言語である。

ミツバチは「尻振りダンス」を身につけることに成功し、目的とする物、例えば餌、水、樹脂、ときには新しい住まいなど、の距離と方角を、そのダンスの身振りの中にシンボルとして表わし、社会的な関係を持つ多くの仲間に伝えることができるようになった。このことはミツバチにとって画期的だったであろう。ちょうど人類が第2信号系としての言葉を獲得したときのように。ただし、ミツバチに学習能力が確認されているといっても、人類のように条件反射系としての自由さを持たせているかという点では、まだレベルが低いところにとどまっているといえよう。

（註：ミツバチの脳―神経中枢系については、「もっとサイエンス2」208ページを参照）

8の字ダンスそのものはもともと餌場を指し示す意味があったらしい。ハリナシミツバチ（*Melipona*属）という熱帯産のダンスができない原始的なミツバチでの研究報告によると、餌場を見つけたハチは振動音を出してそこまでの距離を知らせ（餌場が近いときは‐‐‐‐と短い音の断続で、遠いときは――――というふうに長めの音の断続にしている）、その方角は「発見者」がその方向に20メートルくらいジグザグに飛んで見せる。これを数回繰り返し、後は現場に直進するとのこと。また、ほかの原始的なハチである*Trigona postica*では、それもできず、餌場までの途中にときどき地面に降りて足跡フェロモンを付けて案内するというなんともまどろっこしい方法をとるという。このように近縁のハチを比べてみると、情報伝達での劇的な進化、あるいは創発、が起こったようにも思える。

ビーリンガル
マスター
作動！

BEE

ミツバチBee子、「○《マル》では方向が指せないでしょ！」

私たちのダンス言葉では、たんに円を描いて見せる円ダンスは、それで仲間の関心を惹きつけて〝近いところを探しなさい〟ということだけど、少し遠くなると、お尻を振りながら知らせたい方角にちょっと進んではターンして元の位置に戻る8の字ダンスを使う。だって○《マル》では方向を指せないでしょ。T作さんだって前に奥さんに向かって言ってたじゃないの「アゴが丸くてどこ指してるかわからん！」なんて。

ン？　あ、あれは、熱い鍋を両手でもちあげて運んできた彼女が、〝食卓の上の物をどけて、ドケテー!!〟と叫びながらあわただしくアゴで場所を指そうとしたのだけど、アゴが半球状に丸くてどこの物を指しているのか分からなかった。つい実証的に我が口をついて出たセリフだった。そばにいた娘から、〝おトーサンも言うようになったのねー！〟と、日ごろの言論的敗者をいたわるおほめ？の言葉をいただいたっけ。

太陽コンパス以外を用いたナビゲーション

ミツバチが飛行のための方角を決めるのに太陽コンパス（羅針盤）を使うということはすでに見てきた。鳥や魚、ウミガメの一部のものも長距離移動に太陽コンパスを使うものが大分昔に見つかっている。帰巣性で有名なハトや渡りをするムクドリについては、多くの研究がなされ、体内時計でズレの補正をしていることが確かめられている。ホワイトバスなど淡水魚や回遊魚のサケ、さらに長距離を移動するウミガメでも太陽コンパス説が有力である。

太陽以外のものを用いたナビゲーションの研究もいくらかなされている。鳥、サケ、ウミガメ、ミツバチなどで磁気コンパスの関与がいわれてきたが、今も確証が得られているとは言い難い。

近年、ムクドリの渡りの研究で、南北を示す地磁気を利用（併用）している可能性が浮上してきた。眼の網膜は可視光に感じる視細胞があるところだが、ムクドリでは、網膜の一部の層にクリプトクロムという青色の色素があることが分かり注目されている。というのは、この色素は弱い磁気の影響を受けるという研究があり、地磁気情報がここから読み取られ、鳥からみると、視野の光景に重ねて南北の表示が出るすごいハイテクとなっている可能性がある。このことから、渡り（ナビゲーション）と関係して関心が持たれている。ミツバチの体にもこの物質クリプトクロムが存在することが知られているが、その役割はまだ不明である。

夜間は月や星座を頼りに方角を選ぶものとして、鳥とアザラシが知られている。また昆虫ではフンコロガシの次のような変わったナビゲーションの報告がある。

昔、私が子供のころは、天の川はロマンチックな存在だった。両岸に引き離されている織姫と彦星の不幸なカップルが、年にただ一度会えるという伝説とともに。天文学や宇宙物理学が飛躍的に進歩しハッブル望遠鏡、電波望遠鏡が宇宙をにらむこのごろでは、天の川が太陽系の属する星雲であっても、広大な宇宙の中の一寒村の小川にすぎないことが明らかになりつつある。

一方、生物学の進展は、意外な生き物が地球上からこの天の川を熱心に見つめ、その生活をそれに掛けていることを教えてくれた。2013年の米国科学雑誌「カレント　バイオロジー」に、次のような内容の論文が掲載された。ただし、私なりの解説を加えてある。

ファーブル『昆虫記』で有名になったように、コガネムシの仲間のフンコロガシ（タマオシコガネ）は、糞を見つけると運動会の球ころがしみたいに押して巣にもっていき、子育ての餌にする習性がある。近くの仲間もこの糞を奪いに来るので争いになることも多い。せっかく獲得したものを横取りされることもよくある。だから、糞をちぎって球にしたら大急ぎでそれを転がしてその場を去ろうとする。虫の世界もなかなかせちがらいものである。理想的には直進で進めばより遠くに逃げられ、ほかのライバルからのちょっかいを避けることができる。

ところが、南アフリカのフンコロガシの一種（学名*S. satyrus*）は、観察者によると、曇りの日や夜中の漆黒の闇ではなぜかもたもたとあたりを迷走し、素早くはもち去れないことが多いそうだ。ある研究者たちがそのことを調べて、位置がたやすくは変化しない太陽や月が空にあれば、それを目当てに糞を押しながらまっすぐ進むことが明らかになった。実際の動画記録を見ると、ある程度進んでは、休んでボールの上によじ登り、きょろきょろとあたりをのぞいている様子が見て取れ

る。観測をしているのかもしれない。なんと、日没後でもまだ明るいうちは、大空の偏光パターンを道標に使うことも分かっている。その点はミツバチとも相通じるところがある。だが、月のない夜に何を道標にしているかは謎のままだった。
　しかし最近、月が出ていない夜は、天の川の星明かりを方向の道標にしていることが分かってきた。ヨハネスブルク（南アフリカ）とスウェーデンの研究者らが、野外実験だけでなく、プラネタリウムを使って星空を丸天井に投射した実験でもこのことを突き止めた。直径2メートルの円の中心部に置いた糞を、この虫が円周の外まで運び出す時間を計った結果そのことが確かめられた。帽子をかぶせ

られて空が見えないとか全くの暗黒のもとではやはり迷走し、円周の外に出るまでに大変時間がかかっていた。

天の川を方角の頼りにする生物として確認されたのはこのフンコロガシが最初だといわれる。ただ、球を転がす方向は360度のどち向けでもよくて、早く持ち出すための手がかりあるいは目印として天の川は使われている。ナビゲーションといっても、ミツバチのような明確に位置情報を指示する8の字ダンスとは意味が異なることになる。

コラム

庭を訪れるマキノの虫たち

私の庭には、飼っているミツバチ以外に実にいろんな昆虫がやってくる。アリ、ハエ、アブ、チョウ、ガ、バッタ、カマキリ、ホタル、トンボ。コガネムシでもめずらしいのは玉虫。ミツバチと分類学上で近い仲間では、ハキリバチ、マルハナバチ、クマバチ、アシナガバチ、キイロスズメバチにオオスズメバチ。ある程度は「生物多様性」が維持されているといえようか。

ハキリバチの技術には驚かされた。我が家の表側の庭にヤマモモの木が植えてある。その木の葉の一部に直径1センチほどのきれいな円形の穴がくり抜かれているのを夏ごろ見ることがあった。初めは葉の病気かと思ったが、ある日、「器物損壊の犯行現場」を目撃してしまった。自分の大顎をまるでハサミを使うようにして、切り絵師のように器用に葉を切り取っているハチが見えたのだ。すぐにカメラを持ち出し指名手配（？）用に写真を撮った。

初めはミツバチかと思ったが、ハキリバチだった。刈り取った葉を抱え裏庭の方に飛び去った。ものの数分もしないうち、同じものと思われるハチが飛来し、また一切れを刈り取ってあっという間に裏庭の方へ去った。もしやと裏庭の菜園のあたりを探したら、枯れた桑の木の古い切り株のところをうろついているのを発見。その切り株の表面には、指がすっぽり入るくらいの穴が十数か所開けられていた。彼女はその穴のひとつにもぐりこんでいった。内側をよく見ると、葉の切れ端を器用につないで造られた指抜きサックのようなものが埋め込まれている。幼虫の揺りかごというか「御包《おくる》み」を用意していたのだ。どの昆虫のお母さん方も大忙しである。

我が家の軒下近くに毎年巣を作るのはアシナガバチ。一応人の近づくところではなかったので、それに害虫の捕食者、つまり益虫でもあるし、放置しておいたら秋には巣を置いて消え去った。このアシナガバチの仲間について興味あるニュースがあった。

最近の「サイエンス」誌の記事によると、アシナガバチの一種（学名 *Polistes fuscatus*）も驚くべきことには、自分と同じ種類のハチの顔を個別に認識できるという。

一般に昆虫は物の形状を視覚で正確に識別することは大変困難な部類に入る。ミツバチは昆虫の中では優秀なほうだが、それでも図形によってはかなり大まかなことしか分からない。ミツバチが訓練によって、塗りつぶした三角形、四角形、丸などのグループ内のどれかと、X、Y、□（四角形）などのグループに属するものを容易に区別できることはすでに明らかになっている。ただしグループ内でのそれぞれ、例えばXとYを区別することができないことも報告されている。図形の全体としての形そのものよりむしろ輪郭の入りくんだ複雑さがミツバチでの形態視では重視されている。

人では、この認知能力は、顔認識のためだけに進化し、特別の脳領域に依存すると考えられている。ところが、ミシガン大学の研究者は、先ほどのアシナガバチでも同様の仕組みが存在する可能性があると発表した。この種では、同じ巣にしばしば複数の女王とそれぞれのグループが同居するという特徴があるそうだ。この寄り合い所帯でお互いの顔を識別して社会的関係を確認し、もめごと争いごとを回避していると考える研究者もいる。他方、ミツバチのように1頭の女王がひとつの巣を治めるほかの種では、お互いを識別する必要がないようだ。

4章

ミツバチ・ファミリーの引っ越し

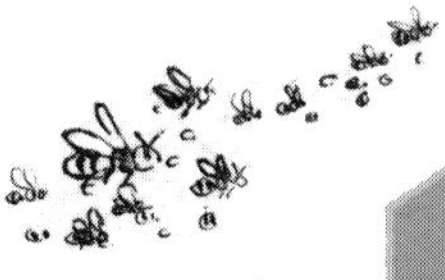

地上10メートル、高所にできた蜂球

晩春か初夏になるとミツバチのひとつの巣の人口ならぬ蜂数が急増し、貯蜜域や子育て領域も立て込んで巣の中が窮屈になる。女王バチが卵を産みつける巣房すら少なくなってくる。そのころ、よく巣分かれを行う。巣分かれを分蜂または分封《ぶんぽう》ということがある。

巣の下方に設けられた王台というベッドに産みつけられ、さなぎの間中もしっかり守られてきた次期女王の成長が進み出現が近くなると、分蜂の準備がなされる。この女王後継者が王台を食い破って出てくる前に、母女王が巣分かれで出ていくが、その後、新女王の誕生でお家に「骨肉の争い」が起きる、とよくいわれてきた。先に生まれた姉王女がまだ塞がれた別の王台に寄り、かじって穴を開け、妹らを毒針で刺して殺す。その際は王台専属の警護のハチたちも退いてしまうと。しかし、いつもそうだとは限らないようで、最近のセイヨウミツバチについての解説本では別の説明もなされている。

ミツバチBee子の
観察劇場
分蜂
お引っ越し
王台で
守られてきた
女王後継者が
育ってくると、
分峰の準備が
始まる
そろそろ女王になるのかしら？
女王後継者が
王台を食い破って
出てくる前に
さようなら
母女王が
巣分れで
出ていくが
その後、新女王の誕生で
骨肉の争いが起きると
いわれてきた
いつも
そうとは
限らない
ようで…
先に世に出た
姉が「プープー」と
振動音を発すると
王台中の妹が
「クゥークゥー」
と答える
クゥ、クゥー
プープー
こうなると、姉は攻撃せずに、
お供をひきつれて巣を出る
後は
任せた
平和に
第2の分蜂
Fin

先に世に出た姉が「プープー」と振動音を発するとき、王台中の妹が「クゥークゥー」とタイミングよくこれに答えるように強い声をあげることがある。この間は働きバチたちも静かにしているという。

こうなると、姉は攻撃せずに多くのお供を引きつれて平和的（？）に巣を出る、つまり第2の分蜂になるという。その妹が古巣を引き継ぐ。まだ貯蜜や働きバチの勢力に余裕がある場合は、さらに分蜂が起こることもある。

王台を同じころに出た娘女王同士がたまたま鉢合わせになった場合は、毒針でライバルを刺して殺すまでの凄まじい決闘となる。勝った方がしばらくして婚姻飛行に出て約20匹ともいわれる雄バチと交尾し、女王として自分の巣に凱旋する。

まだ寝所つまり王台にまどろむ新女王と居残り組の働きバチを古巣に残し、飛びだした旧女王を含む一群は、木の枝や橋ゲタ、時には人騒がせにも交差点の信号機に取りつき、房状の塊になって仮の宿りとする。このような塊は蜂球《ほうきゅう》と呼ばれる。

巣分かれのとき、元の巣箱から溢れだし飛びだしてしばらくのうちは、蜂の群れは実ににぎやか。数千から万という数でうなりのような羽音をたて、てんでばらばらに飛び回ると空が少し暗くなったかのようで、音もワーン、ワーンとかしましい。私もそのような群れの中に知らずに入り込んだというか、群れが移動してきてそれに包まれたことがあったが、頭の上に重たいベールでもかぶせられたような感じで恐ろしいほどの迫力を感じた。2005年の吉永小百合主演の映画「北の零年」で、明治維新のころの北海道開拓村にバッタの大群が襲来し畑を食いつくすというのがあったが、顔といわず胴体といわずもろに体当たりされ、あるいは腕の肌にかみつかれるその印象的なシーンを思いだしたほど。

ただ、ハチそれぞれはこちらには全く無関心で、引っ越しに備え燃料（蜂蜜）を満タンにした体を操り、飛ぶことに集中しているように見えた。1頭のあるミツバチなどは蜜を収納しすぎたのか、よたよた飛んできて私の肩に止まって一服していったほど。

これはJRのある運転士の方と知り合いになったときの話だが、その人が奈良線で人家のない山際近くに電車を走らせていたところ、突然に飛んでいる蜂の大群の中につっこみ視界が遮られパニックに陥りかけたという滅多にはない体験をしたと語ってくれた。たぶんこれも移動中のミツバチの分蜂群だったのであろう。分蜂時のミツバチはおとなしいのでいたずらに脅えることはないのだが。

　ある日、別途に飼っていたセイヨウミツバチが分蜂したときは、庭木の眼の高さにちょうどパイナップル状の蜂球を結んだので、表面にいるハチを、盛んに尻を振り動き回っているのも含め、それぞれじっくり見ることができた。
　一方、ニホンミツバチの分蜂の場合はいずれも地上10メートルくらいの高い松の梢に蜂球を作ったので、回収は絶望的。観察も双眼鏡に頼る程度でしかできなかった。この塊はものの30分か1時間で消えてしまった。「新居探索にたいていは1ないし2日はかかる」とマキノの人が言うのを聞いてそんなものかと油断していたが、飛び去る姿を結局は見ることもできず、悔しい思いをした。ニホンミツバチでは巣分かれの前の段階で「下見」が済んでいる場合が結構あるそうで、そのケースだったのかもしれない。

スペインで見つかったおよそ1万年前の壁画に、崖のような高所にある蜂の巣からロープか縄梯子のようなものを使って女性が蜂蜜を採ろうとしている絵がある。現在のアジアでも同じように長い梯子で蜂蜜を収穫するところもあるそうだ。しかし、この分蜂のときはさすがに高所に登る手段も度胸もない私としては、下から指をくわえて眺めるだけであった。

最近になってやっと1群を回収できたのはマキノの人達のおかげ。ニホンミツバチの飼育経験者が駆けつけてくれて、最後にはその人の知人が2連の梯子をつないで松の木に軽々と登り、10メートル以上の高さにあった蜂球をすっぽりと袋に回収してもらえた。その1群は手作りの重箱式和式巣箱に収まった。

私の妻が心配して言うことには、「分蜂で出る前に下見で合意してた新居候補地があったなら、この変な箱の中に突然入れられて仲間内でモメてるんじゃないの？　ここじゃ話が違う、責任者出てこい、とか？」。実際、完全に取り去ったはずの元の枝の位置にまた一部が戻って行ったのか小さな塊が見て取れて、私も気になった。しかしそれも次第に小さくなった。

他方、この新しい巣箱の前の玄関テラスに10頭くらいが出て盛んに尻を高くつき上げている。ものの本によると、これは集合フェロモンという合図物質を付近に放出しまだ迷っている仲間を呼び寄せるとしている。ともかく翌日になっても木箱の中は賑やかなので一安心。手作りの巣箱にはあらかじめニホンミツバチの蜜蝋と蜂蜜を内壁に塗りつけてあったし、巣箱そのものの設計図は定評のあるものだったので、何とか合格したようだった。

ビーリンガル
マスター
作動！

BEE

ミツバチBee子の不規則発言

ごめんなさい。また出てきちゃった！　分蜂の時期が迫ると、母女王に宮廷バチから渡される餌の量が減らされるって知ってた？　ダイエットの始まりなの。しかしそれだけではないの。宮廷バチが前肢を女王の体にかけゆすったり突いたり軽くかみついたり、ビンタ張ったり……おや、私ったらヒトの悪い言葉を使っちゃって。オホホ！　でもこの様子は、人間なら寝てる子をたたき起こそうとする母親みたいかしら。ま、立場は逆だけれど！

分蜂が近くなると宮廷バチたちも興奮してくるみたい。でも、そのおかげで女王は巣内を歩き回るようになり、ダイエット成果はウエイトが4分の3くらいまでに。こうしてスリムな体で旅立ちができるようになる。たしかに、太ったままで空を飛びにくいし、よたよたしているとツバメなど鳥のかっこうのターゲットになりかねないからね。分蜂のとき女王バチが古巣を出ずにぐずぐずしていると、すでに古巣を出て仮の宿

りである蜂球を作った働きバチがまた舞い戻り、女王に出発を促すことがあるのよ。

　巣箱の巣門（入り口）付近に溢れんばかりのハチ群衆が出て、一斉に飛びだしたので、無事にのれん分けがすんだのかと思っていると、しばらくしてまた巣門が溢れていることがあるらしい。え？　T作さんも見たって？　そんな時は女王のお出ましに問題があるのかも。かなりの資産となじんだ住処を娘女王に残して旅立つのはあまり気が進まないかもしれないし、母親女王もほんといろいろ辛いところよね。

新居の情報もダンスで交換

分蜂の場合も、新しい住処の探索にあたる働きバチは、自ら得た情報を蜂球にもち帰りダンスでもってほかの者らに情報公開する。実際、セイヨウミツバチの蜂球の表面に目を凝らすと、腹部を周期的に振動させほとんどその場にとどまるかのように小回り（右回り左回りと交互に）を繰り返しているダンサーらしきものたちを見いだすことがある。ニホンミツバチ研究者の話によると、ニホンミツバチでは蜂球の奥にもぐったところでダンスがなされるので表から見るのは難しいが、ランの一種、キンリョウヘンの花に集まっているときは比較的見やすいとのこと。いずれにせよ、蜂球では報告者の周りにいる観衆ならぬほかのダンサーたちは、ダンスを見守るというよりか相手に触角を接触させたり自分でも後を追っかけダンスをしたりなどして、距離と方角の情報を読み取ろうとする。

むき出しの蜂球はまだしも本来の巣では、構造上、中まで光が届きにくく観察が難しい。通常の8の字ダンスは暗闇の中で行われ、主に触覚と嗅覚を使い追従してみることが情報のやりとりの中心を占めている。暗闇でも明るい所でもできるダンスというメディア（媒体）によって、記憶にある大事な情報がアナログ情報つまり方角が角度という形をもった連続量（アナログ量）として仲間に伝えられる。このことは次章でもう少し詳しく触れる。

いい日旅立ち

セイヨウミツバチでは巣立ちの30分前くらいになると、探索バチのピーピー騒ぎつまりパイピングが起こる。この音を発しながら探索バチが内勤バチの背部に前脚をかけて揺すぶる動作をする。この運動後、体温上昇が起こり付近の温度も32度付近だったのが次第に35度あたりに上がるのが測定されている。

翅の羽ばたきは、飛翔中で毎秒260回という激しい運動になる。遠くの新居まで移動するにはこのエンジンを快調な状態に立ちあげる必要がある。皆が飛び立てるように環境作りをする文字通りのウォーミング・アップだ。このほか、「ブンブン走り」という行動もみられる。これは翅を広げたまま、ほかのハチたちの数匹ずつの塊の中を、まるで井戸端会議を邪魔するかのように横切り走り回る。これであたりは騒然となり出発にふさわしい雰囲気になる。

目的地を知っているのは例のダンサーたち数百頭である。この全体の5%程度のものが、羊の群れを追う牧羊犬のように働くのだろうか。このハチの大群を追いかけて飛行速度や角度の分布を調べた例が報告されている。そこでは、ほぼ時速6キロを最大とする台形型であったという。

当初は、集合フェロモンが誘導に使われていることが考えられたが、フェロモン分ぴ器官を接着剤で塞いで離陸させた場合でも、無事に目的地に誘導されたので、その可能性はなくなった。現在では、探索バチが群れの先頭を目的地に向け突進してみせるとの見方が強くなっている。探索バチは港に入る大型客船のパイロット（水先案内人）の役どころを果たしているというのがぴったりするようだ。

5章

ダンサーミツバチのコミュニケーション力

ダンス会議で住処を選ぶ

蜂球から数百の探索バチ（ダンサー、あるいはスカウトともいう）が四方八方に飛んで新居候補地の情報をもち帰り、蜂球の表面あるいは内側でダンスによって仲間に表示する。当然、樹の洞とか岩の割れ目などあちこちの候補地が8の字ダンスでさまざまに示される。その候補地は20を超えることもあるが、次第に数が絞られていき、最後にほとんどのダンサーたちはある特定の場所をワンポイントで（方角と距離により）示すようになり、その後、天候が良ければすぐにでも蜂球を解いて、一斉にそこへ引っ越しするという特異な行動を示す。

セイヨウミツバチが集団内部でダンスによって住処候補地の良さを競い合い、いわば民主的に選び出すという面白い行動を発見したのはフォン・フリッシュ博士の弟子、リンダウアー博士だった。

博士は、今から約60年以上前に、戦災でほとんど廃墟となったドイツのミュンヘン市街でミツバチの玉状の塊を見つけた。よく見ると、煤だらけや赤茶色の埃まみれの探索バチが、その玉の表面で健気に8の字ダンスを踊り続けていた。そのダンスの踊り手はいつもと様子が違い、花粉を身につけておらず、蜜を吐き戻して仲間に示すなどもしないで踊りに夢中のようだった。

このダンスが、いつものような花蜜の場所を指す「収穫ダンス」ではなくて、焼け跡の崩れ落ちた建物の小さな隙間やレンガ塀の割れ目など住処を探して仲間に報告しているらしいことが頭にひらめいて、調べ始めたのが事の起こり。

博士は、ミツバチ集団の住処決定に集合的な知恵ともいうべき「多数決原理」が働くと述べている。なお、このような行動を生物学者の中には「投票行動」と呼ぶ者もいる。蝶の研究者の日高敏隆博士の著書にもミツバチの「投票」についてのコメントがある（『昆虫という世界』朝日選書1979年）。

アリにも投票行動？

ミツバチほど高度で能率的ではないが、分類学上同じハチ目（膜翅目）に属するアリの仲間（学名 *Leptothorax albipennis*）には、良い住処候補を知らせ競い合うことが知られている。この体長2・5ミリほどのアリは花の蜜でなく小型の昆虫などを餌とするハンターでダンスを踊る必要もない。個別には道標となるフェロモンを使うが、仲間に新居を知らせるような共通のフェロモンはない。その代わり、仲間と並走しあるいはご苦労さんにも仲間を背負い、目標へ行ってみせて新居候補を教えているそうだ。

住処候補地が上質の場合、ミツバチでは生き生きしたダンスをたびたび踊るのだが、このアリの場合はダンスなど特別の宣伝じみたことはやらない。しかし、良い候補地を見つけると、仲間をその地に案内するテンポが早くなり、その候補地を知るアリが圧倒的に多くなるのが特徴のようだ。ちなみに、このアリの場合は2か所を比較して良い方を取ると、研究者らは考えている。

アリの総数は100頭程度でハチに比べ規模は100分の1と、かなり小さい。しかし、ここでも賛同者を増やしてコロニーにとって最上の住処を集団的に決定するような現象が見られるとのフランクス博士のチームの研究結果が、1992年以降に次々に発表されてきている。現在、昆虫の投票行動で最もよく研究されているのは、ミツバチとこのアリだけだ。

ちなみにアリの多くが太陽コンパスを使い、また青空の紫外線もナビゲーションに使うことが確かめられている。ミツバチに比べさらに脳が小さいアリでもこのようなことができるのは驚異的なことかも。ただ、ミツバチみたいな体内時計による補正はできないそうだ。

ご苦労なシーリー博士の実験

蜂球に集うハチ、数千から1万頭程度のうち、探索バチはおよそ500頭程度と、全体からすればわずか5%前後。それでも個別の活動を見るのは大変に難しい。シーリー博士らは、蜂球にいる全て、多いときで約4000頭ものハチ、に個体識別マークを施した。一度に50頭ほどを冷蔵庫で約15分置き麻酔する。それを1頭また1頭と引き出しては、背にカラーの番号の付いた小さな粘着シールを貼り付け、腹に絵の具筆で青、黄色などカラー・コードを付けていった。これを順次繰り返していった。この作業を4人で当たっても丸1日はかかる。

カラー・コードはすでにフォン・フリッシュ博士が用いたもので、それぞれの餌場に来たダンサーにそのサイトに割り当てた色をつけて巣箱に飛び帰らせたことで、ダンスのもつ「方角と距離」の情報を見破ったことがある。そのときは多くても数百頭程度だったが、今度は数が数千頭にのぼる。ちょっとやる気が生じないような気の遠くなる仕事であることはすぐに想像できよう。

しかし、この地味な作業のおかげで、シーリー博士が言うところの「タイム・カード」、つまり会社ならぬ蜂球への出入りの時刻について、ビデオカメラの記録により個体別記録作成が可能となり、さらにそれぞれのダンスの情報を盗み見ることができて、研究が大きく進むことになった。

実際の実験・観察は、岩と灌木に覆われカモメがたむろする無人の離れ島でなされた。この島のひとつは、合衆国メイン州南部から大西洋に10キロ行程の、周囲がおよそ2キロのアップルドア島であった。

ミツバチが蜂球の内部にもぐって行うダンスを観察するのはそうたやすいことではない。シーリー博士は、地面に建てた支柱の上に40センチ四方の板を地面に対し垂直につけ、中央に女王バチを入れた小さなカゴを取りつけ、働きバチを集めた人工の蜂球を作った。なお、実験中、女王は蜂球の中

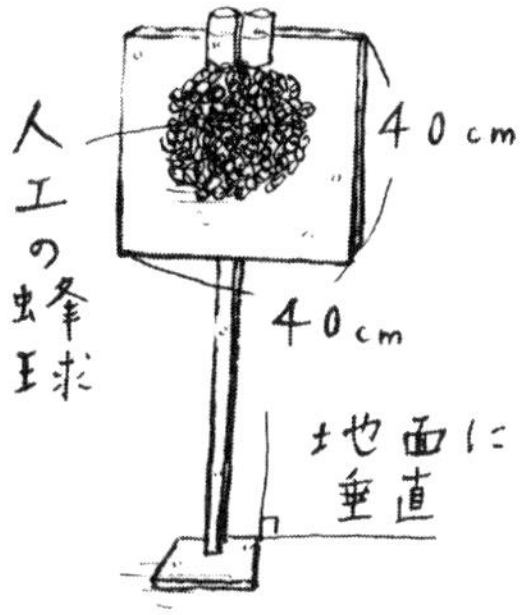

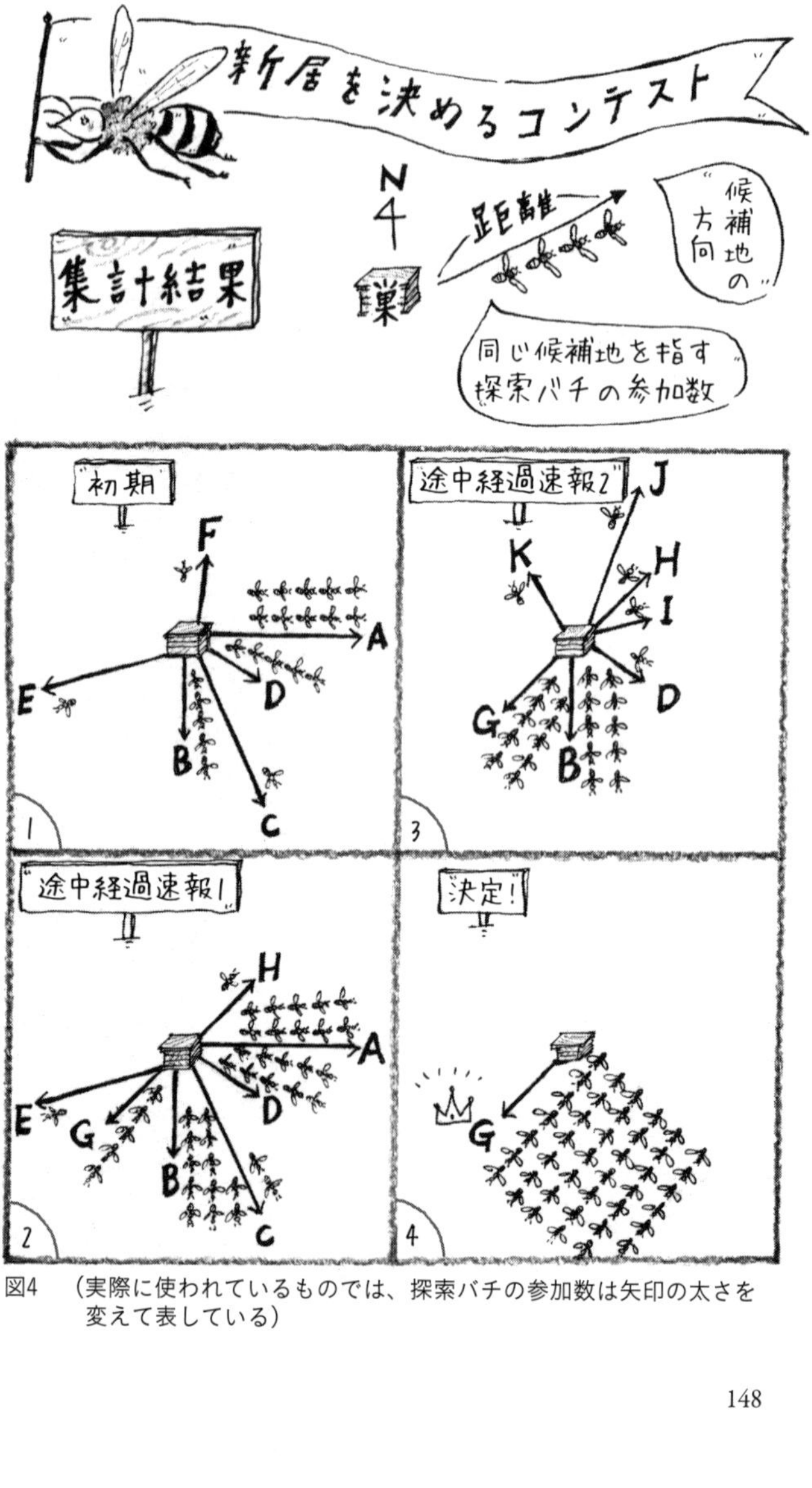

図4　（実際に使われているものでは、探索バチの参加数は矢印の太さを変えて表している）

で小さいカゴに閉じ込められているが、女王からのフェロモンはあたりに伝わっており、働きバチの間に不安な様子は見られない。したがって彼女は探索バチたちの考慮・討議から肉体的には離されている。この板だと分蜂群の集まりが球状というより平板な層状になり、表面で多くのダンスが見て取れるので観察しやすいようだ。

フォン・フリッシュ博士以来、ミツバチ研究者によりダンス・ログ、つまり「方角─距離」分布チャートというものが使われている。その一例を図4（右ページ）に挙げた。図のそれぞれの中央の箱は転居前の巣または蜂球を示し、矢印は住処候補のある方角を指し真上が北、バーの長さが住処までの距離、バーの脇のハチの列はその候補地を示して踊った探索バチの総数を表す。当初はAからFまでの候補地があげられていたが、途中G〜Kなどが加わり、最後には途中エントリーのGの1本のみに収束し、新居として決定となった。このコロニーはGに向けて一斉に飛び立った。ダンス・ログをとってみると、コロニーによって様々な経過をたどるようだ。例えば、1時間で離陸するものもあれば、3日かけてやっと合意成立で行くとか。また、一時的に勢力を得て拡大してもやがてはほかの有力な候補地が現れ、閑古鳥が鳴くようになる候補地も珍しくない。発見が出遅れても本当に良い候補地であれば、最終的に支持を得ることが大いにある。

最良物件を選ぶために

私たちが不動産、例えばマンション、を借りたくて物件を探すとき、不動産屋の物件を見てまわり、いろいろな点をチェックし評価・吟味して最も良いものを選ぶのが普通だろう。例えば、部屋数、広さ、部屋や設備の機能や配置、老朽度、家賃、駅からの距離、付近の街並みの様子など。当然ながらミツバチも真剣に物件を探し、吟味する。外敵の攻撃から守りやすいか、丈夫か、湿度は適当か。さなぎや蜂蜜を十分に貯えられるか。特に蜂蜜は、厳しい寒さの冬を過ごすため代謝による体温上昇で室温を保つ燃料のような役割がある。いってみれば、このコロニー全体の命がかかっている極めて重要な選択を行うことになる。

雨露をしのげればどこでもよいというい い加減な態度をハチもとらない。できうるかぎり最上のものを追及する。そのために、群衆の力を借りる。つまり住処情報を持ち寄って選択する。自然の中のミツバチの本来の住処は、樹木の洞や岩の割れ目などが多い。その空洞の容積を測ったセイヨウミツバチについての研究では、40リットル程度のものが一番多く、これより大きくても小さくても、実際に使われるものとしては少なくなっていた。

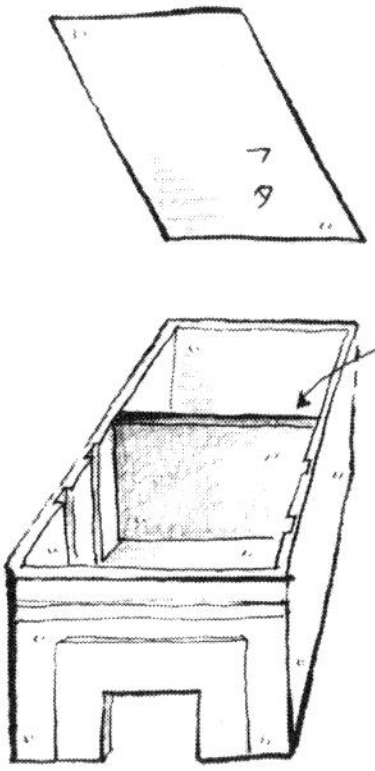

フタ
この仕切り板をずらすことで、
10、20、あるいは40リットル
など容積を変えられる

ミツバチが新しい住処の候補物件を値踏みする場合、その外見上の大きさや色、材質、入口の穴の大きさや位置、部屋の中の広さなど選択の上での要因（因子）となりうるものがいろいろ考えられる。

シーリー博士のセイヨウミツバチについての野外実験では、自然にある住処には様々の因子が混在することが多いのでそれを使わず、なるべく因子をしぼる都合上、四角い木箱の人工の巣が用意されていた。

例えば、巣の広さあるいは容積について絞り込む実験では、箱の外見・材質は全く同じだが内側の仕切り板をずらすことで容積を、10、20あるいは40リットル、大きいものでは100リットルなどと段階的に変えたものを用意した。どの容積のものがハチに最もよく選ばれるかをみた実験の結果は、40リットルの箱（縦25、横32、奥行50センチ）が最もよく選ばれていた。この容積より大きいと、1コロニーとしては管理が行きとどかず、「室温」制御も難しくなり、かえって扱いにくいのであろう。

また、同じ外観の木の巣箱を5個（ただし、うち4個は15リットル、ほかの1個のみ40リットルの内部容積）を用意し、5回実験してそれぞれへの探索バチの関心を調べ、例えば訪問した探索バチの数を時間に対応させて示している。結果は、40リットルの巣を選んだのが4例、ほか1例と、圧倒的に多くはやはり容積の大きい40リットルを選択していた。

容積のほかに、入口の穴の大きさ、穴の高さなどいくつかの因子をひとつだけ選び、バリエーションのある巣箱を用意した別個の実験もなされている。なお、一部の実験では、住処モデルの木箱の中での探索バチの行動をのぞき見るため、箱の一面を赤色の透明アクリル板で覆っている。すべてのミツバチは赤色を識別できず黒っぽい面としてしか見ることができないので、観察者（人）がこの窓をのぞくことが邪魔になることはほとんどない。

ここからのぞく
入り口
入り口から入った探索バチが、内側を歩いて容積を測っていることが分かる（歩いているとき円筒を極めてゆっくり回すと、距離が延びるので、実際より容積が大きいように誤って報告する）
円筒部分を回すことができる

彼らが作った傑作な巣箱のひとつは円筒状で回転できるターンテーブルになっており、これを使うことで、ハチが巣の内側を歩いて長さあるいは大きさを測っていることが明らかになっている。これまでにシーリー博士らが作った人工巣は全部で250個を越えるそうだ。

もちろん、せっかくこの人工巣を用意しても、野外実験場に自然にできた良い住処があればそれを選択することもあるので、シーリー博士らは、例の離れ小島、アップルドア島（自然の住処が作りにくいようなところ）に移り、蜂球をもちこんで、木箱をいくつか設置して実験を行っている。その研究結果は単行本〝HONEYBEE DEMOCRACY（ハニービーデモクラシー）〟（PRINCETON UNIVERSITY PRESS、２０１０年）に興味深く、分かりやすく書かれている。ビデオカメラと日曜大工店から購入のパーツ程度の資材で、この興味深い実験がなされていったということに、私はあらためて驚きと親しみを感じる。

生き生きダンスvsいまいちダンス

物件が良いほど、それを報告するハチは度々ダンスを休んで当の候補地（サイト）に戻り、また蜂球に帰っては同じ候補地の宣伝ダンスを繰り返す。多いと6回ほどにもなる。そのダンス回転の数（ターン数）も多いものでは延べ数で３００回（３００連）程度に。また、物件がそれほどのものでなければサイトに戻ってみることも

1、2回と少なく、ダンス・ターン回数も延べ45回（45連）程度と少ない。当初は、ダンサーが前と後の候補物件同士を比較して良い方に決めると考えられていた（「比べてみて鞍替え」のリンダウアー説）。

しかし、例のミツバチのタイム・カードやログの分析から、シーリー博士はこの説に懐疑的で、比較する前にダンスを抜けて長い休息に入るものが多数観察されていることも踏まえ、「一抜けた！　休息へ」との新しい説を出している。休息がすんだ後には前と同じサイトを支持するとは限らず、いわば多くはリセットになる。この動的な方法は情報の陳腐化を避け、新しい情報にも対応できるようにしてあると博士はみる。

ところで、質の良い物件の情報をもって来たハチはダンス回数が多いと書いたが、そのほか、見ているとダンスが熱心で生き生きとしてなされ、他方、平凡な候補箇所についてはは張りのあるダンスではないとよくいわれてきた。そういう指摘はリンダウアー博士の時代からある（指標化や数値化が難しいが）。実は、餌のことであって住処情報のことではないが、フォン・フリッシュ博士自身も「与えた砂糖液が甘ければ甘いほど、ダンスは活発で長くつづけられます。」と語っている（『ミツバチとの対話（フォン・フリッシュ講演集）』東京図書　収録）。

偵察バチは自分の得た情報について過度の思い入れ、えこひいきや偏見の入ったレポートをすることはないといわれている。たとえ上等な物件とは言い難い「いまいち」のものでもきちんと報告する。

大事な点は、情報のフィードバックが行われているということ。情報の受け手となったハチたちは、その示された場所に飛んでいき、実物を自ら検査・吟味する。そこが良いとなると、蜂球に戻ってきてその候補地を示すダンスを自ら行う。「どうせアホなら踊らにゃ損々……」との阿波踊りではないのだ。ちゃんと自らのフィルターを通してから宣伝活動に入っている。

敢えて人に例えるならば、それぞれ一応の見識がある方々ということになるだろうか。付和雷同ということでは決してない。最初の情報提示者がたとえ住処をうっかり過大評価したとしても、次の評価者がしっかりしていれば過ちを修正してくれるということだ。

蜂球表面で繰り広げられるダンスのコンテストで、「生き生きダンス」に対して「いまいちダンス」ともいうべきものが、傍観中の、あるいは国政選挙でいえば、無党派層の有権者を引き寄せるには弱いということはあり得よう。しかも前者の踊りがより長いとなると、その宣伝効果の強さに納得がいく。「こっちの物件、ちょっとのぞいてこようか」となって、良い物件の側は次第に多くの冷やかし客を引き込み、賛同者・宣伝者を得ていくことになる。統計学的にみてもミツバチたちは堅実な選択方法を採用しているように思える。

さて、ミツバチの場合、ダンス・コンテストといっても、一番上手な者がひとり選ばれるのでなく、一番良い情報を示すダンスが最も多く繰り返され広げられるという世界だ。

それにしてもダンスでディベイトとは。海外で学会の国際会議などでは、会議の合間にもたれる歓迎・慰労のバンクエット（宴会）が用意されていることが多い。欧米では宴のプログラムも終わりに近づくと、参加者も混じってのダンスが華やかにくりひろげられることが度々。私などステップを知らないものは残念ながら観ているだけだが、全身を使って表現するダンス文化はコミュニケーションに最適と思えた。そういえば、日本でも昔から伝わる盆踊りなど地域の融和に大きな役割を果たしてきたのであろう。ミツバチのしゃれた（？）ディベイトを観ているとそんな雑念が頭に浮かんでくる。

「勝者」を演出する停止信号

最近発表されたシーリー博士らの研究（「サイエンス」誌　2012年）では、異なる住処候補を宣伝し合うライバルのセイヨウミツバチのグループ間で、相手側をちょっとけん制する行動が見られた。

それは、あたかも「ちょっとアンタ、調子に乗らないで頭を冷やしたら？　うちらもいいとこ見付けたんだから」と言うかのように、いなすような行動だ。

そのとき競合相手の体、主に頭部か胸部を頭で軽く突いている。ごく短時間たとえば0・1秒間のピーという音と振動、普通350Hzの音がこの際に発せられる。（Hzはヘルツという周波数の単位、1秒間での振動の数を表す。）

実は、すでに大分前に、餌場を示す収穫ダンスの観察で相手をけん制する身振りが見出されていた。もう蜜を集めに出なくても良いという意味である。

今回、この住処探索の場合もそのような制止に同じ身振りが使われていることが初めて明らかにされた。停止信号と呼ばれるこの身振りを受けた側は、少なくとも30秒ほどダンスを休むと報告されている。

このけん制行動をみる実験では、わざと価値同等で「お薦めクラス」の人工巣箱が2つだけ用意された。それぞれに来たダンサーは黄色群とピンク群に色分けされた。それぞれの支持ダンサーが蜂球上に戻ってほぼ同数で対抗しつづけ、互いに盛んにけん制行動を交わし合うのが確認された。巣箱を訪れた後のハチにのみ、この現象は見られている。

競争する相手がいない場合のデータをとって比較するために、1個の人工巣箱だけの実験も数度なされた。この場合、けん制行動は初期にはわずかしか見られない。離陸（出発）準備期になると、巣箱1個でも2個でもけん制行動は盛んに起こる。これは、「もうダンス宣伝はいいから行く準備しろ！」という意味があるようだ。

探索バチのピーピー騒ぎ（パイピング）がこの準備期以降に盛んに起こるのが観察される。

彼女らは低音から高音にせりあがるようなピーピー音を発しながら、探索バチでない内勤のハチを揺すぶる動作をする。パイピングは上のどの実験でも、選択—決定期が終わり離陸準備期に移行するあたりから発せられているが、それもやはり周りのハチに巣立ち準備を促す役割をもつものらしい。

このダンス行動とけん制行動が時間を追ってカラー・ビデオで録画され、停止信号の振動音とパイピングも音レコーダーで記録された。これらは後で詳しく解析されている。このけん制行動のおかげでさらに優勢な方を目立たせるコントラストづけ、いわば演出、がなされ、圧倒的に優勢なものがスポットライトを浴びる。この抑制のかけあいがコントラストをつけるということは数学的にも裏づけされている。

人脳のモデルとして位置づけられるサル脳においても、視覚情報の決定過程に関係する神経システムは既に盛んに研究されており、そこでの互いに掛けあう抑制機構の存在が蜂球上の住処選択システムに見られる抑制と非常に良く似ている点が注目され始めている。

意見が分かれ、デッドロックに乗り上げた、いわばこう着状態に陥ることは人間の世界によく見られることでもあるが、そのための決断の時期を逃してしまい、「座して死を待つ」といった超重大危機にまで至るのは愚かなことであろう。特に無防備なミツバチの仮の宿りであれば、早急な新居の決定は焦眉の問題である。右に見たミツバチのけん制行動もそのための重要な意味があるというのはうなずける。

ところで、我が国の国政選挙で導入された小選挙制（比例代表制並立）が最近問題になっている。導入当初は、少数政党乱立を避け二大政党制の確立を狙ったといわれたこの制度も、ある意味でコントラストをつける作用が期待されたのかもしれない。

しかし、２０１２年暮れの総選挙の結果のように、小選挙区で見て4割ちょっとの得票で約8割の議席を得るといった現実ははたして望ましいことなのだろうか。国政の進路の選択と執行機関の委託のような重要なところでは、やはり民意を正しく反映する方式が採用されるべきと私は思うのだが。

話を元に戻して、ある候補地を主張するグループが「圧倒的に優勢」になるというのはどういう過程を踏むのだろうか。

ある研究では、物色中のある優良住処物件をチェックしている探索バチの数が、新居候補の内側空間に約20匹、そして外側でも約20匹いるなど、ある一定数を越えたら状況は急変する。その探索バチの連中は蜂球に急いで帰り、次の「駄目押し」ともいうべき段階に向け働き始める。このとき何が効いているのか？ フェロモン説もあるが未知の領域だ。

さて、このころになると、最後の宿りとなった蜂球でなされるダンスは、たいていの場合、ただ候補地1か所のみを示すようになり、かくて「満場一致」となる。同じくらいの2大勢力で綱引きになった場合、「満場一致」が得られずついに意見が対立したままで2極に分かれて旅立った場合もある。

しかし体から発する香りでコロニー全体を安心させるはずの女王がついていけ

ずまた振り出しに戻り、あるいは女王が行方不明になってハチはうろうろし、群れがくずれていき、一部は元の出身の古巣に戻っていったなど、悲劇的結末を迎えた例が報告されている。ただしこのような意見不一致のままの旅立ちは自然界ではめったに起こらない。

昆虫は人類のライバル？（動物の進化を極めた2つの頂点）

動物の進化の歴史と動物相互の類縁関係は「系統樹」という絵でしばしば表され、これまでにいくつか発表されている。

そのひとつ、よく使われるものに、動物の祖先のアメーバなど原生動物から進化した大きな流れ（系統）が、途中から主に2つに分かれた大きな幹、新口動物と旧口動物、として描かれたものがある。人類と昆虫はそれぞれの幹の先端部つまり進化の頂点にあるとよくいわれてきた。相撲好きならば、西の横綱が人類、東の横綱が昆虫などと例えたいところであろうか。米国の昆虫学者のデチアー博士も昆虫びいきの1人。彼の書いた有名な著書『動物の行動』にも、その考えが織り込まれている。

ミツバチを詳しく研究してきた例のフォン・フリッシュ博士も、地球上で高度の繁栄を誇る昆虫の未来を、人類との対比でしばしば話してきた。1958年ミュンヘンでのバイエルン科学院公開講演から一部を拾ってみよう。

人類の発展は、昆虫に比べると迅速かつ激しい経過をたどっています。きたる数千年間でも、人類はこのまま真価を発揮できるのでしょうか?実に長い年代にわたって絶えず進化してきたことから見て、将来の勝利者として昆虫を挙げておくのは、下手な予想でしょうか?それとも彼らは決して地球の支配者たり得ないでしょうか?昆虫は総力戦では優位に立っています。なぜなら、放射線の害に対しては、哺乳類より抵抗力があることを、多くの人が語っています。加えて、二つの強い助け手が、確実に彼らに恩恵を与えるはずです。すなわち、迅速な世代の経過(筆者註:一世代がおよそ2週間と短い)と、優れた遺伝的素質の仮借ない見守り役としての、苛烈な自然淘汰です。人間は知能を誇っていますが、しばしば、自分が作り出したものが、いかに理性を欠いたものであったかと気づくのに、遅きに失するのであります。

（「昆虫―地球の支配者たち」
『ミツバチとの対話（フォン・フリッシュ講演集）』東京図書　収録）

ミツバチの集団意思決定の話のところで、私が「ミツバチも会議をやっている」と少し大げさに言うとぎょっとした顔をする方が多い。たいていのサラリーマンはなんらかの会議に参加させられている。いや、縛られていると言った方がいいかも。私自身も仕事人間の時代を振り返ると、いかに多くの時間を会議のために捧げてきたかを暗然として思いだす。だが会議の中味とか質によっては、その後に満足感をもち安堵の吐息をついたこともある。この複雑怪奇な社会の中で何かを為すには必要なツールであることは否定し難い。

コンビニの全国チェーンとしてよく名の通り業績の好調なある企業は「直接対話」を重視し、１５００人のＯＦＣ（オーナーへの指導員）の全国会議を毎週火曜日ごとに開催し、これまでに30年以上、1500回を超えると紹介されている（遠藤功著『ねばちっこい経営』東洋経済新報社）。

IT活用の先進をいくこの企業がこのような一見古くて手間と莫大な出張費用のかかる方式を採用するにはそれなりのメリットがあるのであろう。この著者の分析によると、毎週新たな個別の経営方針案を提案しその成果・結果を検証するというフィードバックを含む「ダイレクト・コミュニケーション」にカギがあるらしい。ミツバチに経営戦略というほどのものはないと思うが、はからずも集団の知恵を集中し検討し、フィードバックで検証する姿には、どこか人類に通じる何かがあると私には感じられた。

ところでさらに踏み込んで、ハチごときものの振る舞いにかこつけ、人様に向かってお説教すれば、余計なお節介だと反発を食らうかもしれない。しかし、ここまでの話でおなじみになった研究者シーリー博士は、人に対し敢えて5カ条の民主的討議へのレッスンなるものを、その著書〝HONEYBEE DEMOCRACY〟でかなり真面目に提案している。

ミツバチ過去数百万年の進化のプレゼントであるこの天然のシステムに、学ぶ価値は大いにあるという。そこには人類もハチも大規模集団の社会性生物として共通基盤を意識してのことと思われる。この本の始めの方でも引用したフォン・フリッシュ博士の、「ミツバチ社会と我が人間社会とは、よく似ているではありませんか。」という言葉をもう一度思いだしてみよう。

ハチから人類が学ぶべき「民主主義の５カ条」（シーリー）

レッスン１：共通の利益を目指し、相互尊重のもと皆がまとまって意思決定グループに仕上がるように努力すること
レッスン２：思考中のグループにリーダーは影響力の行使を最小限に止めること
レッスン３：問題に対するさまざまの角度からの答を幾通りか用意すること
レッスン４：議論を通じてグループの知識を煮詰めること

レッスン5：団結・正確・迅速のために定足数応答を活用すること

（Seeley〝HONEYBEE DEMOCRACY〟PRINCETON UNIVERSITY PRESS 訳文は筆者。以下も同じ。）

この提言はどれも常識的なことだが、結構大事だ。シーリー博士は自身の勤務したコーネル大学の神経生物学・行動学科会議で学科長として議論をリードした様々の経験と重ね合わせて解説している。なんと「ミツバチのやり方を応用した」とまで言うのだが。

その時、その問題を解決するためなすべき最初の論理的対応は、どれかが役立つという期待のもとにおびただしい数の可能な解決策を挙げることだ。そしてここにおいて、民主的グループが大幅に独裁的個人を上回る仕事をすることができる。なぜならグループの選択肢を探し出す力は、ばらばらの個人より格段に優れているから。このことはグループのメンバーが無数に多く、多様で、しかも独立している場合に特にぴったりする。多くの個人がその問題について独特の経験をもち独立に可能な解答を探すとき、ちょうどそれにあった革新的な奇想天外な選択肢を持って誰かが立ち現れるかもしれない機会の来る率が高い。

——このシーリー博士の言葉を見ると、改めて民主主義の意義が思いだされる。

……しかしながら、ある探索バチが特定のサイトに注目することを確かにするのは、彼女らの間の小さいがしかし確固とした自主独立である。あるハチが、出会ったサイトを宣伝に値するかどうか、またするならどの程度の強さでやるのか、といったことを、独自の価値観に立って自分一人で決めるのだ。概してグループにとって適切な選択をするためにそのメンバーが意見と知識を持ち寄るというハチの経験を、人はどのように生かせるか？　私シーリーは3つのことを提案したい。まず、1として、グループのメンバーの間に散在する情報をまとめるため、自由な議論という形で、開かれた公平な意見の競争の力を使うこと。2、あるメンバーによって開かされた情報が他のメンバーにすぐに届くことがどんなに大事かということを認識しつつ、議論し合うグループの間によいコミュニケーションを促進すること。３として、メンバーにとって他の者が言っていることを聞くことが重要であると同時に、それを批判的に聞き、言われている選択肢に独自の見解をもつことが本質的に重要であると認識すべきである。

耳の痛いところもあるが、特にコメントをこの言に加える必要はないだろう。敢えていえば、情報公開と自由活発な議論の保障がなにより大事ということであろう。情報隠し、情報操作は民主主義を死滅させる。

ビーリンガル
マスター
作動！

BEE

ミツバチBee子、熱弁をふるう

ヒトとミツバチ、どっちが偉いかなんて思ったこともないよ……。でも、私たちの事を良く知っているフリッシュ博士は偉いと思う。公開講演（『ミツバチと

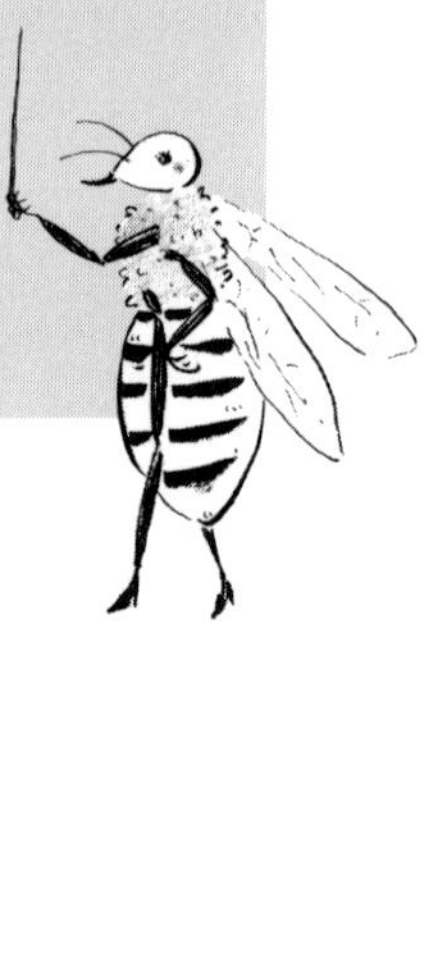

の対話』に収録）で情熱をもって語っているその部分では、ＤＤＴなど化学防除剤が、人類や生態系に逆に害をもって降りかかることを警告しているそうよ。この講演がされた1958年といえば、米国ではレイチェル・カーソン女史が環境問題の古典といわれる『サイレント・スプリング（沈黙の春）』を書き始めたときなの。カーソンさんはその年の1月、友人から、殺虫剤が飛行機から撒かれたいせつな自然の世界から生命が姿を消したことを訴える手紙を受け取り、驚きと怒りを感じた。それが執筆の動機だとか。奇しくも、この同じころにふたりの偉人が、同じような大事なことを考えていたのね。

講演で、フリッシュ博士は核実験を含めて原子兵器保有の巨大な危険性や、さらに原子力の〝平和目的の利用〟といえども放射能汚染を増大させる潜在的危険があると、真剣に警告を発していたんだ。

私がその講演集を読んだのはもう20年も前だが、2011年の福島での悲惨な原発事故を知った今、読み返してみてその先見性に驚かされ、それを受け止め得なかった自分自身に恥ずかしさを感じたのだった。それにしてもＢｅｅ子はよくまぁいろんなことを知っているねー！

コラム

脳神経細胞の数で比べてみると

昆虫の中にあって高度の社会行動を示すミツバチと、進化の頂点に立つと自認する人類とを思考の器官といわれる脳の神経細胞の数で比較するというのは、無謀なことかもしれない。だが敢えて見てみよう。

人の脳神経細胞の数は約３００億から１０００億個とされているが、ミツバチでは1個体の脳神経細胞の数は約１００万個で、実に数字で５ケタほどの違い（10万分の1）がある。ミツバチは昆虫の中でも脳の神経細胞数はトップクラスに入るがそれでもこの有り様。しかし、ミツバチは超個体として高度に協同したシステムを運用する。

シーリー博士は蜂球を「枝にぶら下がった裸の脳」と表現をしている。蜂球1個についていうと、約1万頭のミツバチの脳が協同するとして、１００万個×1万頭で１００億個、つまりなんと10分の1まで縮まる。ミツバチの体重は約０・１グラムとして1万頭の蜂球の総重量は約１キログラム。人の体重約

50キログラムと比較しておよそ50分の1であることを考え合わせると、神経細胞の数において結構善戦している。

計算に入れるのを探索バチだけに限るとしても、数百頭つまり100のオーダー（ケタ）になるので100万個×100頭で1億個、人の1000分の1以上ということになる。

むろん情報処理能力をうんぬんするなら、神経細胞同士の連結部（シナプス）の総数も考えなければいけない。また、中央集権タイプの神経系をもつ哺乳動物と違い、昆虫は地方支所の権限の比較的強いタイプともいえるはしご形神経系なので、上の比較は単純な計算上のことになるが、それでもひとつの目安にはなろう。

最後に残った謎

まだいろいろ謎が残っている。分蜂時に、誰が居残るのか？　分蜂で出ていく者は十分にタフな連中らしいことは想像できるが、残留組はどうなのか。出るか残るかの選択は個人（個蜂）任せとみる研究者もいるが、はっきりとしたことは、まだ分からない。8の字ダンスの指示による誤差はせいぜい角度で15度という比較的高い精度はどのようにして実現しているのだろうか。動物の体内時計そのものの研究は近年進歩が顕著だが、ミツバチでの具体的な方角補正の方法も分かっていない。このほか、停止信号をかけるべき相手（ライバル・ダンサー）だと認めるのは、何が決め手なのか、ダンスの指示内容なのか、匂いなのかは確定していない。また探索範囲の分担をどうやって？　などなど、疑問は数多く残る。

しかし、最大の謎のひとつはどうしてこのような投票方式ができてきたかであろう。同じ尻振りダンスでもって異なる中味（餌場か住処か）を示すというのは昆虫にとって大変なギャップを跳び越えたことにならないだろうか。餌場が新居に代わった《拡張された》のだろうか。たまたま必要にかられ、別のものを指し示したのが、そのうち定着した、という必然の道があったのかも。

「収穫ダンス」（180ページ）と「住処探索ダンス」（182ページ）に単純化した行動の流れを示しておいた。見比べてみると質的に異なる部分が分かる。特に定足数越えのところについては、まだ大事なことが未知のままのように思える。新居選択の場合、気合いの入ったダンス討議が行われてきた。良い物件は実地に値踏みされ評価され、結果的に賛同者を多く獲得する。単純にそれだけのことが、重要な目標選択システムの鍵になっているのだろうか。木綿針の先に乗るくらいに小さい微小脳でもこのようなすごい仕事が可能なのは驚きである。

厳冬に力尽きたコロニー

ところで庭先の例の重箱型巣箱に入ったミツバチ一家は、初めての冬を迎えた。

冬ごもりの時期はほとんど巣の外には出てこなかった。しかし暖かい日は別。あたりを飛び回り、脱糞などもしているふうだった。

1月の終わりのある日、珍しく気温が12度くらいに上がった午後に、いつもには見られない変わったことに気づいた。巣箱の前面壁面にこぶし大のハチの球ができていた。羽音もしっかり聞こえていた。その球から時々1頭単位で遠くへ出ていくものがあった。逆に帰ってくるものもあったが、それは巣箱の中に入らず蜂の球の中へ入って行った。私は巣の近くに居て観察していたが、戻ってくるハチが頭にぶつかってきたり、ブーンと羽音を出したりしていたので警戒されたのかもしれない。冬場に新居に移ることはまずないと知っていたが、それでも逃げ出そうという密談ではないかと不安であった。

夕方近くになり日が落ちてきて寒くなった。それまでほとんど蜂球のハチ数は変化なかったが、その群れは次第にほぐれ、そのうち全て巣箱の中に入って行った。この件で経験者に問い合わせたが、盗蜜に対しての防御行動の可能性があるがよく分からないとの返事。

盗蜜とはミツバチがほかの巣を集団で襲い、蜜を盗みだすこと。花蜜が不足するところに見られる現象だ。特に、セイヨウミツバチがニホンミツバチを襲い、蜜を持ち出すケースが多いと聞く。ひどい場合はニホンミツバチの口から腹の蜜を吸いだすまでの蛮行を行うものもいるとか。セイヨウミツバチの襲撃にあうとニホンミツバチはほとんど抵抗しないとか。為すがままになり、蜜切れで餓死して巣は全滅するという凄まじくもわびしい話を養蜂家の間ではよく耳にする。私の庭では、幸いまだその様な事件は起こっていなかった。当日は冬に入っていて寒く、盗蜜の様子は見られない、落ち着いた雰囲気だった。

結局は、この日目撃した奇怪な行動の意味は分からずじまいだった。そして数日後の2月初め、この一家は凍死で全滅する悲劇に見舞われてしまった。それを知ったとき、「蜜切れ」がまず頭に浮かんだが、巣箱を開けてみると、せっせと集めたらしいつややかな蜂蜜がたっぷり残っている。女王の姿を探したが見つけだせず。目立ったのはミツバチの数が少ないこと。死がいを数えるとせいぜい200頭といったところか。これでは例え蜂蜜があっても寒さに勝てないだろう。数日前に観察したこぶしくらいの集団が恐らく全勢力だったと思われる。あのときが彼女らの「最後の晩餐会」みたいなものだったのかと思うと、哀れさが込みあげてきた。

すでに12月にもうひとつの巣箱も死滅していたのに、今度の「追いうち」で私のショックは大きい。厳しい冬の自然の中で生き物を飼うのは並大抵のことではダメなんだと、思い知らされた。少し後になって、同じマキノ町だがちょっと離れたところにいる知人のところでも、やはりコロニー2箱のうちひとつがこの冬に同じように絶滅したということを知った。ミツバチの世界に何かが起こっているのだろうか。それともこの地の自然環境も劣化し始めているのだろうか。

古くからの友人を失ったような喪失感からしばらくは抜けきれず。ミツバチたちがはしゃいでいるかのように元気だったころのこととか、嵐に吹き飛ばされそうな巣箱を気遣って傍から必死で守ったことなどが次々頭に浮かんでは消えていく。

そうこうしているうち、今年も桜が咲き誇る春を迎えた。ただ、我が家の庭は、去年までと違う。カーソン女史が言う「沈黙の春」ほどではないが、あの楽しげな羽音が絶えてない。それでも、またも懲りずに再び空の巣箱を庭に出して、例のS氏から供与されたルアー（ニホンミツバチの群れの誘引剤）を箱に入れ、新しい家族の転入を期待する毎日だ。

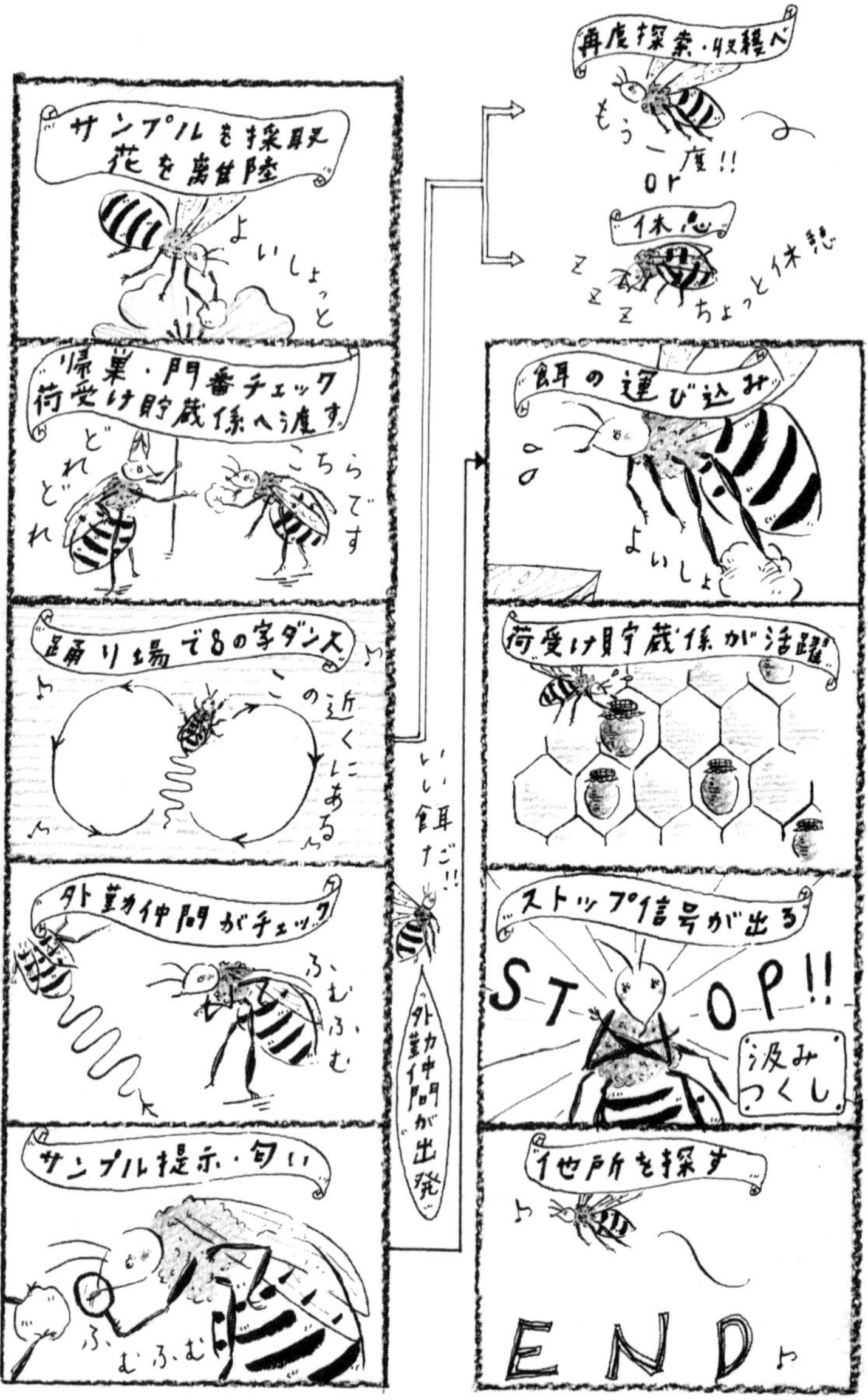
サンプルを採取
花を離陸
よいしょっと
帰巣・門番チェック
荷受け貯蔵係へ渡す
どれどれ
こちらです
踊り場で8の字ダンス
この近くにある
外勤仲間がチェック
ふむふむ
サンプル提示・匂い
ふむふむ
いい餌だ!!
外勤仲間が出発
再度探索・収穫へ
もう一度!!
or
休息
zzz
ちょっと休憩
餌の運び込み
よいしょ
荷受け貯蔵係が活躍
ストップ信号が出る
STOP!!
汲みつくし
他所を探す
END

ミツバチBee子の
観察劇場
ミツバチ
収穫行動の流れ
巣を離陸
行ってきまーす
太陽位置の確認
あっちね
探索にはいる
花ハニーガイド発見
!!
花へ着陸
蜜・花粉を探す
評価する
Yes
No
良い餌か?
Yes

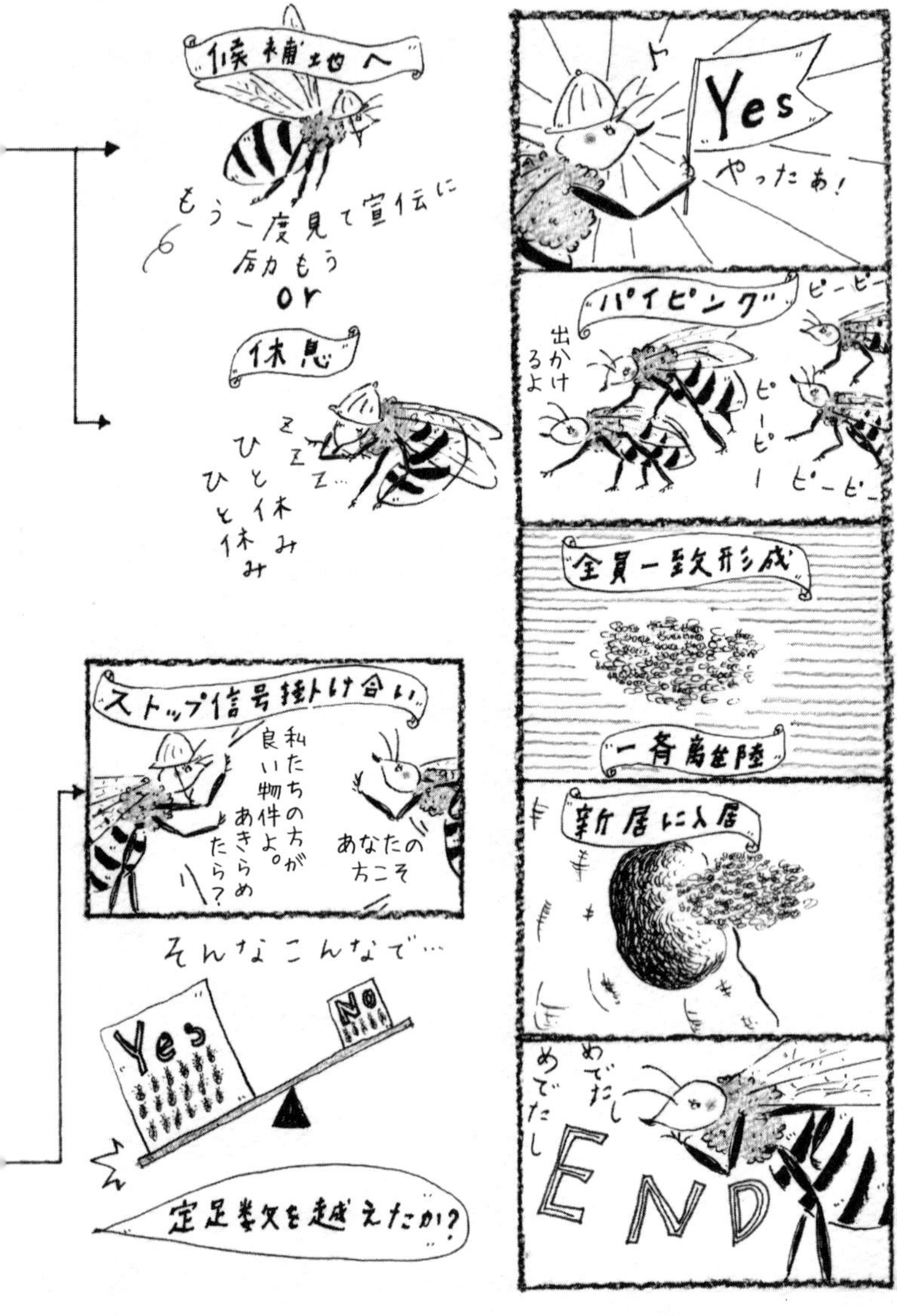
候補地へ
もう一度見て宣伝に励もう
or
休息
zzz…
ひと休み ひと休み
ストップ信号掛け合い
私たちの方が良い物件よ。あきらめたら?
あなたの方こそ
そんなこんなで…
Yes
NO
定足数を越えたか?
Yes
やったぁ!
パイピング
出かけるよ
ピーピー
ピーピー
ピーピー
全員一致形成
一斉離陸
新居に入居
めでたしめでたし
END

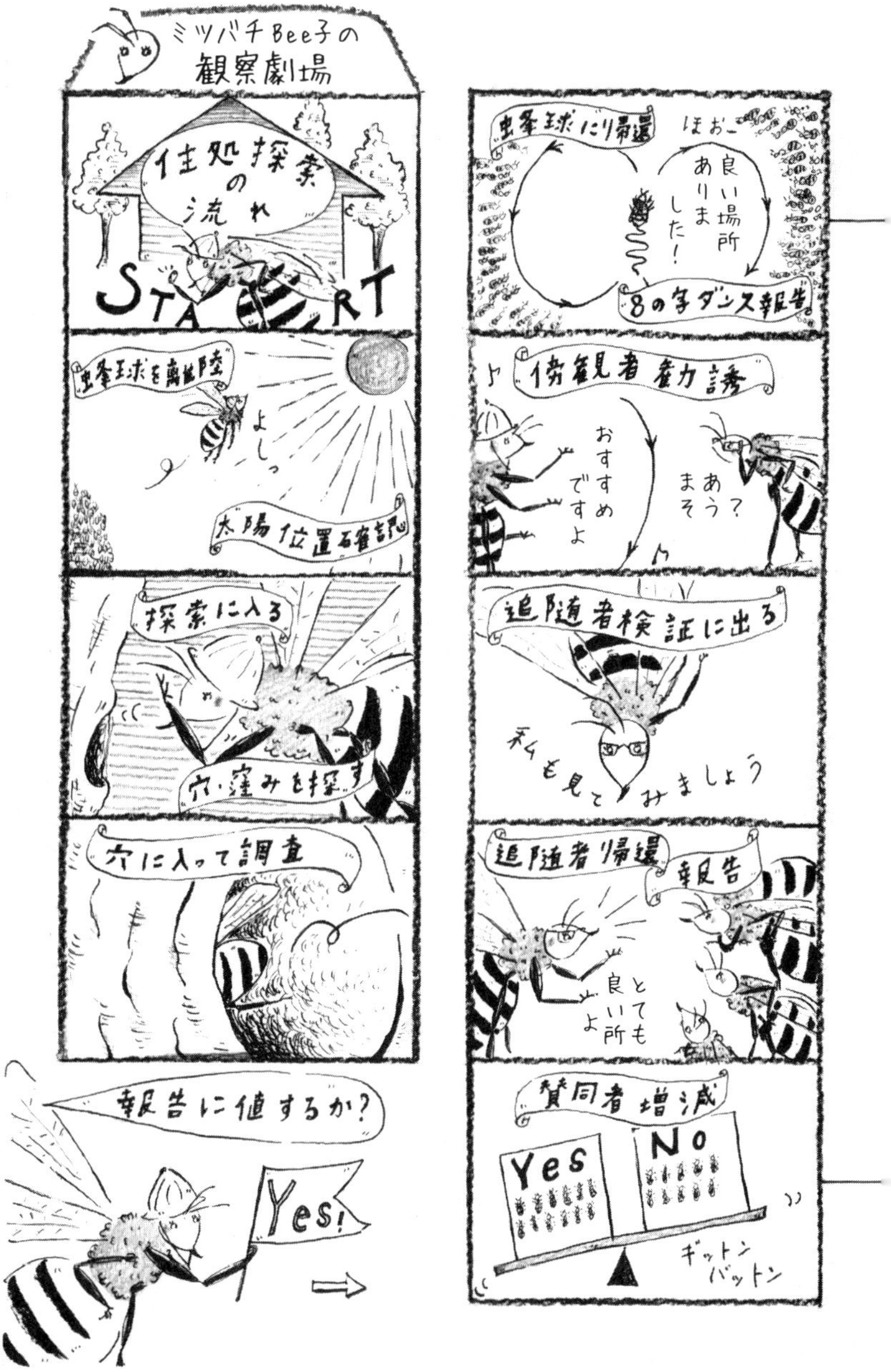

ミツバチBee子の
観察劇場
住処探索の流れ
START
蜂球を離陸
よしっ
太陽位置確認
探索に入る
穴・窪みを探す
穴に入って調査
報告に値するか?
Yes!
蜂球に帰還
ほぉ〜
良い場所ありました!
8の字ダンス報告
傍観者を勧誘
おすすめですよ
あら まあ そう?
追随者検証に出る
私も見てみましょう
追随者帰還
報告
とても良い所よ
賛同者増減
Yes
No
ギットン バットン

あとがき

ミツバチは、5千から数万頭が狭い巣の中に暮らし、物理的、化学的な様々の手段で情報を収集・交換し、整然と収穫し、子を育て、こまごまとした巣内の雑務を行い、時には休息して次の任務にそなえる。住処を物色し、集団で移転先の決定をくだし次の世代に引き継いでいく。環境とうまく折り合いをつけながらその繰り返しをやっている。まさに世にいう「複雑系」だ。それも、リーダーなしで見事に秩序立てて仕事をこなしつつ。考えただけでも不思議な世界だ。

家族集団がまるでひとつの個体のように働く超個体の生活、優れた運動能力、言葉はないが振動音や特定の化学物質（フェロモン）、さらには8の字ダンスを用いた多様なコミュニケーション能力とナビゲーション能力を駆使する姿には興味が尽きない。

しかし、その生活ぶりには人間社会に相通じるものがある。同じ社会的生き物としての共感を呼び起こすこともあり、ミツバチのファミリーがそばに居てくれるだけで、まるで昔からの友達のような安らぎをさえ感じさせてくれる。また、ミツバチと親しくなることでその目線であたりを見回すと、私たちのまわりの自然環境が変貌を遂げてきていることにも気づかされた。

現在、ミツバチの生物学的なあるいは行動学的な研究は長足の進歩を遂げつつある。この本で部分的に紹介した事柄でさえいくつかは訂正され、新しい知見が次々と付け加えられていくだろう。脳内の神経細胞からなる回路での情報を追う研究も今や格段の進歩がみられる。セイヨウミツバチのゲノム(遺伝子の1セット)についても既にほぼ全容が明らかになり、これからの遺伝子レベルの研究の重要な礎石が置かれた。人類の友というべきミツバチについて今後の飛躍的な研究の展開を期待したい。

文中、あまりにも擬人的な表現にしたところもあるが、ミツバチに親しみをもっていただくための努力の表れと、お許しいただきたい。

なお、ミツバチの生活に興味をもった読者がさらに読み進めるための参考にいくつかの本を巻末に挙げておいた。

本文中、S氏と書き記した菅原道夫博士には、巣箱に入ったコロニーの提供から飼育法伝授までお世話になり、専門的知識も教わった。マキノでニホンミツバチとの付き合いが長い岩上正弘氏らにもいろいろ助けていただいた。また、本をまとめる上で、家族のほか、少なからぬ方々にお世話になったり、励ましを受けた。ここに感謝の気持ちを表したい。ほのぼのとした素敵なイラストを描いて下さった松岡文氏にも感謝の意を表したい。

（2013年5月　庭先に戻って来たミツバチの国を前にして　タイサク）

もっと知りたい読者のためのノート

もっとサイエンス

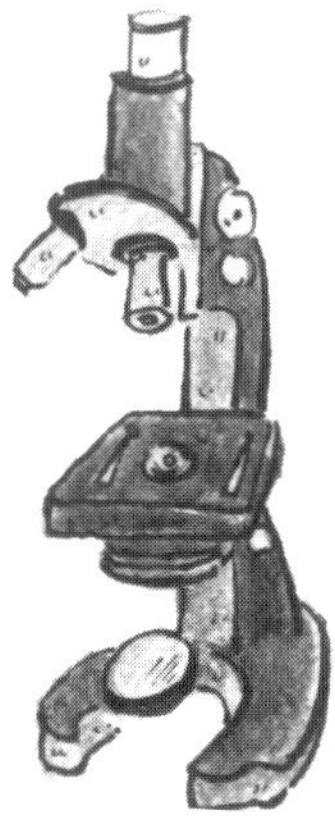

advanced course

1 偏光とその利用

縄跳びの紐の端の一方をもち他方を誰かにもってもらい、地面に置いたままで水平方向に揺らしてやると蛇が進むように蛇行する波が発生し、相手の方に進む。このように波の進行方向に対し垂直に振動する波を横波という。

光線は横波からなる。太陽から直接にくる光は、進行方向に対し垂直のあらゆる方向に振動する横波の集合したものである。しかし、空中のチリなどに当たり反射して飛ぶ光線は、特定の方向に振動している成分が多くなる。このように特定の方向に振動する光線を偏光という。この偏光の振動している面を振動面という。先ほどの縄の例だと地面の上で振動しているので、振動方向つまり振動面は水平線（横線）となる。もちろん、縄跳びの縄を今度は、新体操でのリボンの美技のように地面に垂直方向で振動させると、振動面は垂直線（縦線）になる。

我々人類にはこの偏光の振動面を肉眼で知ることはできない。しかし、本文中で書いたように、昆虫や鳥など多くの動物は見て知ることができる。それらの眼の構造には偏光の振動面を知ることのできる装置（偏光分析装置）が内蔵されているので、それが可能である。我々も偏光子（ニコル）を使えば振動面をある程度知ることができる。有機高分子をある特定の方向に規則正しく並べてフイルムにしたニコルが、偏光メガネとしてよく使われる。偏光は先の説明のように特定の方向に振動するので、その分子の並んだ配列にちょうど適合するとくぐり抜けやすく、逆に邪魔する配列の方向だと通り抜けにくく、吸収される。それで、ニコルをゆっくり回して一番明るいところが、偏光の振動面に一致する。

ミツバチを含め昆虫では、網膜の視細胞の光に感じる部分が、クシの歯状に細かい繊維状の突起のようになって特定の方向に束で並んでいるので、偏光の振動面を検出できる（もちろん、最終的には脳の働きが必要だが）。

およそ千年も前に北海付近で活躍したバイキングには、航海術のひとつとして透明の石あるいは結晶、を透かして偏光を探ることで方角を決めていたということが今に伝わっている。現在、人が使うナビゲーション・システムにはGPS誘導方式、レーダー方式や高精度慣性航法など様々な方式が併用されているが、偏光を使った方角検出装置も航空機には広く採用されてきた。

その昔、バイキングが使った結晶と同様の働きをする偏光子またはニコルと呼ばれる特別のフイルムないし特殊ガラス板か自動車運転用の偏光メガネを使えば、人も偏光を知ることができる。偏光メガネはまぶしさを防ぐことからドライバーに用いられ、またステレオ（３Ｄ）映像を見るのにも使われている。左目と右目に別途に入る左右映像のズレから立体感が感じられる工夫がされている。偏光フイルムは下敷きくらいの大きさのものなら科学教材店か大規模文具店で手に入ることがある。このフイルムから直径10センチくらいの薄い円盤を切り出すと使い良い。

青空からの反射光は偏光を含みそれぞれ青空のある位置に応じて独特の強さと振動方向をもつ。天空全体が壮大なパターン（集合体あるいは模様）として存在するのが、先の円盤（偏光子）を使った観察でも感じられる。たとえば屋上などに立っていろんな方角の青空に向けて円盤をまわしてみる。一番明るく見える角度（偏光の振動する角度）が青空の位置（方角）によって変わるのが分かるはず。このとき初めて、虫が見ている壮大な自然に共感を覚えるかも。

ある時、このフイルムをたまたま液晶テレビの映像画面に向けていじっていたら、そこが強烈な偏光からなっていることに気がついた。工学的にはずいぶん前から映像技術として採用されていることが、調べてみて分かった。これを使うと見た目ではたいそう切れのよい映像になる。携帯のパネル（画面）もたいがいが今やそうなっている。このように、ミツバチやバイキングら先輩たちに劣らず、この偏光現象を使ったハイテクは現代人の生活にもしっかり入り込んできている。

2 ミツバチの多様な行動を支える優れた感覚能力と神経能力（味覚、嗅覚、視覚、中枢神経など）

ミツバチに限らず昆虫は発達した肢、口器、触角など付属肢をもち、要所の関節が複雑な動きを可能にし、また力の集中発揮ができる。高い運動能力、多様な行動を支える裏方として発達した感覚系や神経系がある。高度の情報系として進化してきた感覚器や神経系は高速電気信号を多用している。電気というと奇妙に思われるかもしれないが、実態はナトリウムイオンやカリウムイオンなど生体に普通にあるイオンが細胞をリズミカルに出入りすることで電気パルス波になり、情報を担う。このことについては、読者は次の味覚のところで、実例に出会うだろう。味覚に限らず、嗅覚、視覚もまた脳神経中枢のハイレベルでの判断も、全てこのデジタル電気信号システムに頼っている。我々人もイヌもカエルも、動物のほとんどの感覚現象・神経現象では、この素早い生体電気が情報を担うデジタル（一部はアナログ）・システムとして働いている。

味覚――ミツバチ口器の味覚毛（毛状の味覚器官）からの化学情報にも研究の手が及んでいる。また、肢や触角にも味覚毛の存在が確認されている。さらに前翅の前端部にもまばらながら味覚毛があるのはハエと同じ。花にもぐって蜜を探すときにはこの位置にあるのも都合がよい。口器の場合は外葉（galea）の外側と下唇鬚（labial palp）の一部に味覚毛が存在している。図5にあるように、口器外葉の味覚毛に糖液を含むガラス電極が接触することで、味刺激に応答して生体信号であるインパルスが味細胞（化学受容細胞）に発生する。インパルスはパルス状の電気波としてデジタル化されており、味覚毛に当てられた電極からアンプ（増幅器）に導かれオシロスコー

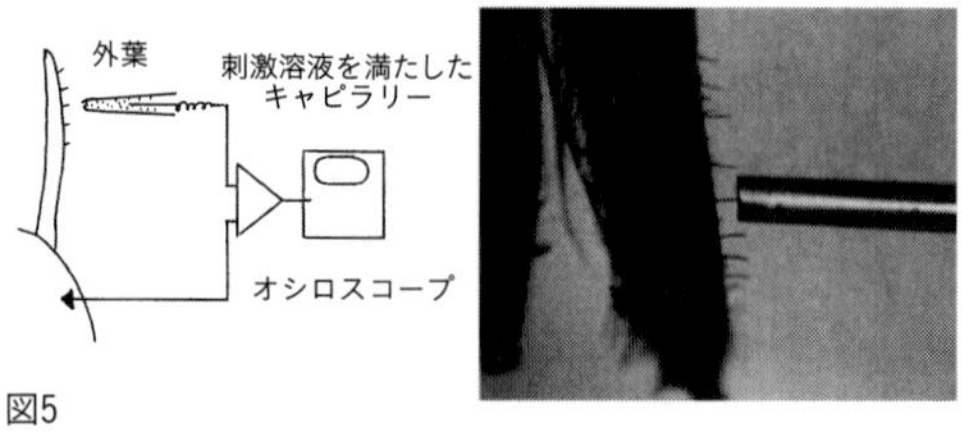

図5

プ（あるいはモニター）で見ることができる。つまり、糖による化学刺激情報が糖受容細胞によりクシの歯状の電気パルス情報に変換されたものを観測できる（この方法は、筆者が師事した九州大学の森田弘道教授によって開発された）。このインパルスはさらにファイルに記録され、後で解析される。インパルスの発生頻度（周波数、例えば、1秒間当たり何発出ているか）が感覚の強さ、つまり味覚では味の強さ（甘味、辛味などの強さ）を表現する。

　糖、塩、水を刺激溶液として与えたところ、ニホンミツバチの同一の味覚毛から、図6のような記録が得られた。水のインパルスの高さが最も低く、糖、塩の順に高くなっているのが分かる。これにより糖、水、塩に対して別々の細胞で応答しているということが考えられる。

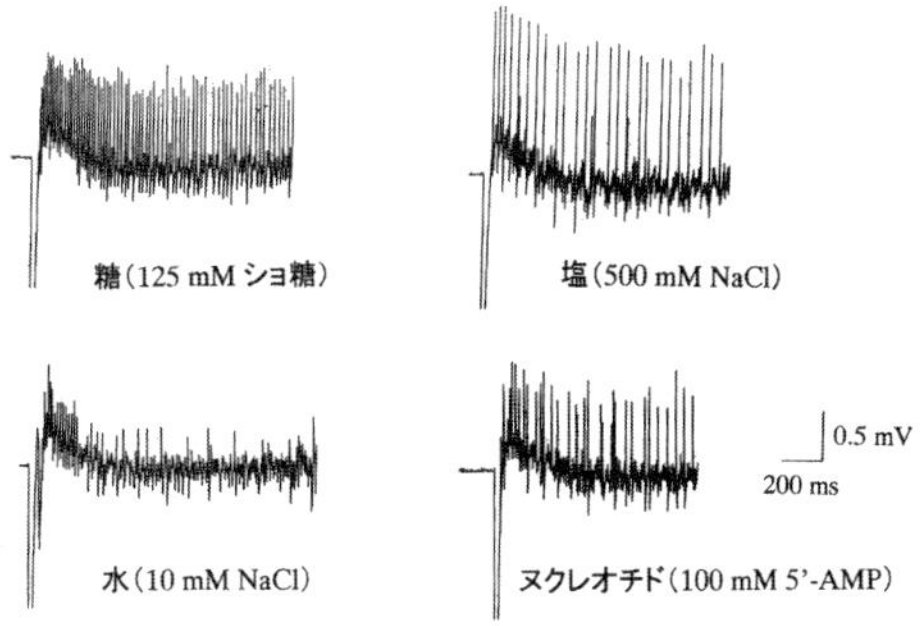

図6　（中垣・尼川、2001年「日本味と匂学会誌」）

ショ糖、ブドウ糖、果糖はいずれも花蜜の含む糖液の主要な成分であるが、それらに対する味覚器の応答には同じ濃度でも違いが見られ、感度にも差があった。糖の濃度が高く応答が十分に大きいところ（最大応答）で測ると、ショ糖で一番応答が強く、言い換えれば一番甘く、ブドウ糖と果糖はどちらも同じくらいで、ショ糖の83％程度である。また、味細胞の感度を議論するには、最大応答の半分を与える濃度がよく指標として使われる。それで比較してもショ糖で一番感度がよく0・05Mで、ブドウ糖と果糖は両者同じの0・2Mとなり、ショ糖の方が味細胞にとっては断然感じやすい。ただし、M（モラー）は科学で使われる濃度の単位のひとつで分子の大きさ（分子量）をもとにしている。たとえば、ブドウ糖1Mは1リットル中に1分子量である180グラムが溶けたものをいう。同じ1Mでもショ糖だと分子量が違うので、1リットル中に342グラムが溶けている。

核酸の構成成分であり人にはうま味で知られるヌクレオチドの1種、5′-AMPを刺激溶液としてハチに与えた場合、図6（193ページ）に示すように糖に対するインパルスと同じ高さのインパルスを記録した。また、アミノ酸（L-フェニルアラニン、L-バリン）を刺激溶液として与えた場合にも、同様に糖に対するインパルスと同じ高さのものが得られた。筆者らの研究により、ニホンミツバチ味覚器の味覚毛から電気生理学的手法により初めて刺激溶液に対するインパルスの記録がこのように得られた。そして、糖、塩、水刺激に対する応答は、それぞれインパルスの高さが異なることから別々の味細胞由来のものと考えられる。つまり、ニホンミツバチの味覚毛にはハエ味覚毛と同様に、糖受容細胞、塩受容細胞、水受容細胞が存在することを示唆する結果が得られた。

また、ハエと同様ニホンミツバチの味覚受容器においても少なくとも一部のアミノ酸やヌクレオチドを「甘み」の情報としてとらえており、ハエのような味覚が存在する可能性が非常に高いことが示された。ハエでは、上記のような糖類などに応答する糖受容細胞のほか、塩（カチオン）受容細胞、水受容細胞、さらに脂肪酸（あるいはアニオン）受容細胞の存在が知られている。

セイヨウミツバチについても、少なくともショ糖、ブドウ糖、果糖に対する応答としては、右とほぼ同様の結果が以前に発表されている。感度が最も高いのはショ糖にたいしてで、これはニホンミツバチと同じだが、ブドウ糖にたいして次に高く、果糖にたいしては3糖の中で最も低い。そして高濃度側では果糖が逆転してブドウ糖よりも応答が大きくなっている。これらの報告はニホンミツバチでの結果と異なる。ハチの飼育の状態や加齢、実験方法の違いなどがあり、厳密な比較はできないが、2つの種間に違いが見られた。

フォン・フリッシュ博士は味覚に関連して次のような重要な指摘をしている。

「(ミツバチの)触角にある感覚器官は、われわれの知るかぎりでは、人類の鼻とほとんど同じくらいの匂いの種類を嗅ぎつけることができる。これらの感覚器官は非常に敏感なので、ある距離だけ隔った所から食物や、そのほかの物を見つけることができる。しかし、ミツバチもまた食物をとるとき、これを調べるために口器に味覚器官をもっている。ミツバチは、触れてはじめて甘い液を識別できるが、甘さにたいしては、むしろより好みをする性質がある。もし二〇パーセントの蔗糖溶液をあたえれば、ミツバチは、たいていこれを吸ってしまう。もし一〇パーセントの溶液であると、人類の場合と同じように、好みに個体差が見られる。すなわち、あるミツバチは飲み、あるものはためらい、また、あるものは全く拒否する。五パーセントの溶液だと、ミツバチはその液を味わってみるが、吸おうとはしない。これがミツバチの

《受容閾《じゅよういき》》であって、それはミツバチの食事を取る時の状態によってちがってくる。（中略）もうひとつの閾値《感受閾》というものがあるが、これは一見したところ、ともかく味覚を刺激しうる最低の濃度である。これは条件のよい悪いにかかわらず、一定である。この閾値《いきち》を測るには、ミツバチを数時間飢えさせておけばよい。そのときには、ミツバチは甘いと感じさえすればどんな溶液でもすぐに受け入れようとする。飢えているミツバチでは、この閾値はつねに一パーセントと二パーセントの間である。」

（『ミツバチの不思議』内田訳　法政大学出版局）

ここで閾値は域値（限界値）と同じ意味である。

体の状態によって味覚の受容域が変わるという現象について筆者もかつて実験をしている、ただしハエを使ってだが。満腹状態ではハエは摂食行動がほぼ停まる。まる1日餌をやらず飢餓状態にさせ、域値を測るとおよそ濃度で1Mの1000分の1と、低い値になる。そこで昆虫の血糖であるトレハロースの濃い水溶液をわずか1000分の1ミリリットルだけ毛細管注射器で体内に注射して

やると、劇的に域値は上昇し１Ｍ以上にまで上がる。

つまり、濃い砂糖液がきても全く飲まなくなることもある。胃は空っぽなのにちょっと不思議な状態だ。マンノースという糖（血糖ではない）の水溶液の注射では全くそのような変化はなし。もっと調べてみたら血糖によって脳に抑制がかかっている可能性が強くなった。実際、口器の味覚毛の糖受容細胞を調べてみたら、１Ｍで十分に多いインパルスをちゃんと発信していた。つまり、その受容細胞の送り先である脳への連絡部位であるシナプスで、強いストップ（大きな抑制）がかけられていることが分かってきた。

血糖センサーはハエではまだ見つかっていないが、ガでは実証されているので、恐らく、血液中の血糖がセンサーでチェックされ、その信号が神経回路を通じて脳の摂食を促す部位に抑制をかけたのであろう。私たち人でもこれとよく似たメカニズムが働くことがすでに分かっている。

人の血糖であるブドウ糖の血中濃度が高まると、頭の間脳にある摂食中枢（空腹中枢ともいい摂食行動を促す）に対して抑制的に、また対照的に満腹中枢（摂食を止める働きがある）に対して促進的に働く。食事に関するコントロール機構が両者で似ているのだろう（おそらくミツバチも）。

ミツバチの翅を水平に洗濯バサミで止めて固定し、細いガラス製サジに少量の砂糖水を入れて、味覚毛のある前肢に触れてやると、口吻がすぐに伸びて砂糖水を摂取しようとする反射行動（吻伸展反射）が起こる。このことは本能的行動（あるいは定型的行動という）として以前から知られていたが、先に紹介した桑原先生は、この砂糖水投与の直前に匂いをかがせて砂糖水を与えることを繰り返してみた。しばらくすると、匂いを嗅がすだけで砂糖水がこなくても吻が伸ばされるようになることが分かった。

ミツバチの学習能力を調べる実験では、フォン・フリッシュ博士によりすでに条件反射を応用した実験がなされ、物の形の大雑把な識別とか花の匂いの識別については知られていたが、昆虫でも徹底したパブロフ型の条件反射（古典的条件付けという）が成立することを初めて示すことができたのだ。これは応用範囲が広く、匂い刺激のほか単色光（青とか緑とか波長が特定の範囲にしぼられた色光）でも条件付けに成功し、行動解析の上でも大きな貢献となった。

フォン・フリッシュ博士は人工甘味料サッカリンをミツバチが甘味として感じ

応答するかどうか調べたが、結果はノーだったとなにかの本に書かれていた。

筆者は、これを読んで、なるほど昆虫は自然の産物でない物を排除しているんだ、と納得したことがあった。サッカリンは当時、ネズミの動物実験で膀胱ガンの発ガン性が疑われ使用が規制（現在も）される品目リストにあった。筆者が再びこのことに興味をもったのは、それから約10年も後のこと。ハチでなくてハエだったが、意外なことが分かった。

サッカリン液を辛抱強く1分間ぐらい味覚器に接触させておくとハエはそのうち飲もうとする振る舞いを示し、実際に糖受容細胞において、そのとき低いレベルではあるがインパルスが記録できた。やはり甘味として感じるのか?と、さらに調べていくと、サッカリンは、味覚の受容サイトに付いて信号を発するよりも、細胞のバリヤーである細胞膜を、少し時間はかかるがくぐり抜けて、細胞の内側にある味覚情報の伝達系に直接に働きかけているらしいことが分かった。実際、サッカリンは油脂に溶けやすい性質があり、脂質である細胞膜を透過したと考えられる。ミツバチでもそのような可能性があるが、まだ実験はしていない。

嗅覚――花の匂いとフェロモンはミツバチの触角（アンテナ）に埋め込まれた

多数の感覚器（化学受容器と呼ばれる）で検知される。先ほどの味覚と違い、液体ではなくてガス状の刺激物をキャッチする。その基本的な仕組みはまだ分からないことが多いが、先にみてきた味覚器と似た面もある。感覚器本体の中にさまざまの嗅神経細胞があり、情報は電気信号つまりインパルスの列となって、神経線維を伝わり、中枢神経系に送られ匂いの種類、強度などについて解読される。

ＥＡＧ（エレクトロアンテノグラム）は脳波を記録した脳電図みたいなもので、触角電図ともいい、触角に電極をあてがい気体物質による感覚応答で生じた生体電気を直流高増幅度アンプで拡大して記録したものをいう。フェロモンや花の匂い成分に応答する様子が電圧の時間変化の形でとらえられる。

フェロモンや匂いの種類によってこの変化の大きさに特徴があり、また気体であっても全く感受されないものもある。人は炭酸ガスを匂いとして感じないが、ミツバチの触角は敏感に炭酸ガスに応答する。せまいところにハチがぎっしりつまる巣の中では、呼吸の上で重要な大気に関する情報であろう。フェロモンとしてブテナント博士（ドイツ）によって最初に化学構造が決定されたのが、カイコ蛾の性誘引フェロモンとして有名なボンビコールだった。ＥＡＧ記録法が、ボンビコールがフェロモンであることを証拠立てる一助になった。

なお、ＥＡＧは集合電位といわれるもので、味覚のところでみたインパルスなどの電圧成分が集合しまとめられて生じている。このほか、かなり技術的には面倒な方法だが、直径１ミクロンと、もっと先端の細かい微小電極を触角の表面の孔板という嗅覚細胞のある部位に刺し込んで、匂い物質に対するインパルスの発生を見事に記録した例が報告されている。

ＥＡＧ記録の技術はそれほど難しいものではない。筆者も大学を退職後、隠居部屋に自家用顕微鏡と直流アンプをもちこんでセットを組んだ。試料のミツバチの触角に炭酸ガスやフェロモンを摸した有機系ガスを吹きかけて、波形記録を読み取るのを楽しんでいる。ただし、放送電波や家庭用電気器具からのいろいろなノイズが邪魔するので、ノイズ除けに釣鐘状の金網（シールド）を頭からすっぽりかぶらないといけないのが難点であろうか。

ミツバチのフェロモンとしては、若い女王が野外で雄バチを誘引する物質として、女王物質の９‐ＯＤＡ、９‐ＨＤＡ、ＨＯＢなど幾種類かが同定され化学構造も明らかになっている。このほか、警報フェロモンとして酢酸イソアミルと２‐ヘプタノンなどがある。集合フェロモンも化学構造の分かっているものがいくらか知られている。ミツバチの腹部にあるナサノフ腺から分ぴされるシトラール（レモンの香りがする）、ゲラニオール、ネロールなどがよく知られている。ダンスで位置を知って飛来した仲間に糖の目標を知らせ着陸させるのには便利だ。分蜂のとき蜂球の形成時にもハチをこの一点に集めるのに使われている。これらのうちほとんどがリリーサー（解発性）・フェロモンと呼ばれるもので、直接行動を引き起こすトリガーになる。上記の女王物質は雄バチを惹きつけるときはリリーサー・フェロモンだが、巣の中では前に見たようなプライマー・フェロモンとしてゆっくり働く。フェロモンには揮発性のものが多く、分ぴ後はいつまでも残ることがないので、行動に混乱をきたすことはない。ミツバチはこのようにダンス以外に、多くの昆虫同様、フェロモンという化学情報伝達物質を分ぴすることでも、コミュニケーションをとっている。

フォン・フリッシュ博士と弟子たち（先に訳者として紹介した内田亨博士も直接に指導を受けたひとり）、そして桑原万寿太郎先生（内田先生の弟子でもあるし筆者の恩師のひとりでもある）は、匂いが取りもつミツバチと花の関係を明らかにしていった。

桑原先生は語っている。

「ミツバチはあるひとつのレンゲならレンゲの花にまいりますと、その色と香を学習しその個体は当分、レンゲの花以外の花からは蜜は集めません。その隣に紫の花があるとそこまでは行きますけれども、つかない。このことは非常に生物学的に意味のあることで、たとえば、レンゲの花にアブラナの花粉を持って来てもらっても何にもならないわけなんです。また、ミツバチにとっては、花一つ一つで蜜の出る場所の構造が違うのですが、決まった種《しゅ》だけを訪れていればその構造に習熟してしまい、時間の節約になるのです。」

（桑原万寿太郎教授退官記念講演より）

花とミツバチ、実に律儀な関係にあると思える。ただし、これはセイヨウミツバチについての話で、ニホンミツバチは必ずしもそうでなく、様々の花を訪れるとのこと。だからその蜜は「百花蜜」といわれるそうだ。

複眼による視覚——ひところ「複眼で見る」という言い方が流行した。昆虫の目は人などのカメラ眼と原理的に異なりコンパクトだが、解像力（視力）はそれほどよくない。複眼という表現のみにイメージを勝手に膨らませたのであろうか。ただ、複眼の広い視野は全方向に向いているに近く、カメラ眼とは異なる視点で見るということには意味があるかもしれない。

複眼の構造上からくる利点として、ちらつきの検出に適しているということ。ある程度の早い速度でハチが飛ぶとき、背景が流れていくように目には見える。このときのちらつきの継続時間からその目標までの距離を測っているという説も出されている。

複眼は個眼が4～6000個ほど集まった集合体で、外界からの光をこの集合体に分割して受け、それを統合してひとつのイメージを作りあげる。例えば、100本のストローを1束に束ねて端から外を透かして見たときの像を想像してみて欲しい。このため解像度（DPI、画素数）はあまり良いとはいえない。しかし先に出てきた太陽の方角など角度については十分に役に立つ性能をもつ。個眼には色を識別する3～5種類の視細胞が含まれている。人類の場合は良く知られているように、網膜上の視細胞で、赤、緑、青の3色に主に対応するそれぞれの錐体（円錐細胞）が色の識別に関わり、いわゆる「光の3原色」の生理学的実体をなしている（昔から「ヤング―ヘルムホルツの3色説」として知られている）。ところがミツバチ（昆虫のほとんど）では、基本的には黄、青と近紫外部の３種の視細胞になっている。赤を欠くので、長波長の赤色付近がほとんど見えない。私たちと比べ光の受容スペクトル（受け取る光の強さを波長の大きさの順に並べたもの）が全体として短波長側にずれている。

ミツバチでは特に複眼背側の周辺部に、青空からの偏光紫外線をキャッチし、その偏光の方向を解析するのに適したところとなっている。実際に昆虫の複眼が偏光を解析できることを実験で証明したのは桑原先生たちであった（１９５０年代のこと）。ただしこのときはミツバチでなくてハエが使われたが。複眼に照射した偏光の振動面を回転させると、それに応じて複眼の1個の視細胞の発する神経情報つまり生体電気信号の強さがきれいに変化するのが記録された。

このように近紫外部はナビゲーションに使われるほか、花蜜を集めるときにも役立つことをコメントしておこう。花びらの外側周辺部に紫外線を反射するものがあり中央部は吸収し黒く見えるので、ハニーガイドと呼ばれている。これはその名の通り、花蜜を求めるミツバチを惹きつけ着地しやすくする信号の役をしている。もちろん、私たち人類には見てもこれが分からない。紫外線に感じる写真フイルムでもってはじめてその存在が確認される。華やかなお花畑も、人と昆虫では、また違った世界に見えるだろう。

フォン・フリッシュ博士は、ミツバチを砂糖水によって学習させ、近くにある物の形や色を記憶する能力があることを証明した。先ほどの匂いと花の関係のように、花の色や形も当然ながらハチを惹きつける重要な情報となっている。

機械的感覚――暗闇でも活動するミツバチにとっては欠くことのできない重要な感覚である。これに関わる感覚器、例えばジョンストン器官、も毛状をしていて、根元に感覚細胞の本体があり、音やたわみ、微妙な振動をキャッチし、ここもやはり電気パルス波、つまりインパルスとして脳へ情報を送り込むことが明らかにされている。例のダンスをする場合、重力を基準にして垂直な面で行うことは先に記した。重たい頭部からの重力で、頸部に襟巻のように密生する多数の機械的感覚毛が押されたり引き延ばされたりすることで、重力の方向が正確に分かる。ミツバチの頭に極微小の錘を付けたり、頭と胸の間を接着剤で止めて自由に動くことができないようにした実験で、この重力方向検出能力が確かめられている。

磁気受容——ナビゲーションに優れているはずのミツバチがたまにではあるが迷う、あるいは目標をいくらか外してしまうことが以前からいわれていた。古くは、フォン・フリッシュ博士もその点に疑問をもち、その原因のひとつとして、地磁気の作用をあげている。現在では、ミツバチの体内に磁鉄鉱の顆粒が存在することが分かっている。また、ほかにクリプトクロムという青色の色素があることが分かり注目されている。というのは、この色素は磁気の影響を受けるという研究がある。南北を示す地磁気情報がこのようなところから読み取られている可能性があり、ナビゲーションとの関係で関心が持たれているが、その役割はまだ不明である。また、地磁気の１日の周期的な変動をキャッチして体内時計の調整に利用しているという説もあるが、これも今後の研究の発展が待たれる。

脳・中枢神経系——昆虫の神経細胞のデザインはまた独特のものがある。細胞体に直接に接続するより、神経突起に直接つながる。これはかなりフレキシブルな配線を可能にしている。ミツバチの中枢神経である脳は約１００万個の神経細胞からなるマイクロチップみたいなもので、微小脳と呼ばれる昆虫脳の中ではトップクラスに入る。それだけ学習能力も高いし、パターン識別能力、社会的活動を支えるコミュニケーション能力もある。

先に、味覚刺激と匂いを関連付けさせる学習、つまりパブロフ型の条件付けについて触れた。この味覚情報と匂情報が結びつけられる（連合する）場所はまさにこの脳においてである。匂い物質を用いた精密な条件付け実験が１９７１年にドイツ、マックスプランク研究所のヴァレッシー博士によりなされた。そこでは人の手が入ることなく（したがって、実験者の思いこみや先入観が排除される）、全てコンピュータ制御の機械仕掛け、いわば全自動で行われている。チューブにミツバチが頭だけを出した状態で納められている。その触角（味覚器をもつ）に砂糖液がガラス管から一定量流れてくると、例の吻伸展反射で口先が伸びる。その伸びた部分が赤外線センサーを遮断することでスイッチをオンにし反応を記録する。これだけだと学習ではなくて単に反射行動だが、条件付けとして、砂糖液の来る数秒前に匂い物質がボンベから触角に送られてくる。これが条件刺激といわれるもの。この取り合わせの訓練（「試行」という）が10回以上繰り返される。実に約３００種の匂い物質がテストされている。成績優秀なハチは、ただ1回この匂い付きの甘味を経験しただけで、次の2回目にはその特定の匂いだけで砂糖液が来る前に吻を伸ばす。つまり条件付けの学習が成立している。働きバチ（雌）

は、1回で覚える（条件付けが成立する）優秀なものが30％あり雄バチで19％。2回の試行で覚えるのがそれぞれ15％と14％、3回試行で25％と19％という結果（8匹の平均で）だった。

若い女王バチの尻ばかり追いかけている雄バチの方は働きバチほどには利口ではないということであろうか。ちなみに、実験方法はちがうが、クロキンバエについて行った筆者らの学習実験では、1回の試行で覚えるものはいなくて、4、5回の試行を必要とした。

記憶には主に2種類があるといわれるが、ひとつは陳述記憶といい、様々な事実に関する記憶で、意図的に想起でき、その結果は言語などで表現できるものである。他方、手続き記憶は、自転車のこぎ方やテニスでの球の打ち返し方など、体が覚えた記憶で、意図的には想起できないとされるものである。水波誠教授（北海道大学）の著作によると、

意図的に想起し仲間に伝えることができる記憶を陳述記憶と呼ぶのであれば、ダンスを踊っている働きバチが示す餌場のありかについての記憶こそ陳述記憶である。働きバチがダンスを踊るのは、まさに記憶した餌場への方向

と距離を仲間に「陳述」するためだから。定義どおりの意味での「陳述記憶」をもつ動物は、ヒトと、ヒトによって絵文字を使用するように訓練を受けたチンパンジーを除けば、ミツバチしかいないのかもしれない。

（『昆虫—驚異の微小脳』中公新書）

と記されている。ミツバチのタダ者（タダ虫）ならぬところがここからもうかがえる。

記憶・学習の場合、脳のキノコ体が中心的役割を果たしている可能性があるといわれる。例えば、脳に液体窒素で冷却した細いピンの先を刺して、ごくミクロな領域を凍結しその部位の機能を停止させる方法などで研究されてきた。最近では脳の細胞に直接電極を入れてインパルスを記録し、情報を解析する方法が一部可能となり、ミツバチ脳の機能が精力的に調べられている。脳でのニューロン（神経細胞）の配置・連絡とか神経回路の機能についての知見は今や飛躍的に増えてきており、これからの昆虫行動の解明が一そう早まるのを期待したい。

参考本リスト

桑原万寿太郎『動物と太陽コンパス』岩波新書（１９６３）
カール・フォン・フリッシュ（内田亨訳）『ミツバチの不思議』 法政大学出版局 （１９７０）
２００５年に伊藤智夫訳の第2版〈改装版〉が出ている。
モーリス・メーテルリンク（山下知夫・橋本綱訳）『蜜蜂の生活』工作舎（１９８１）
ドナルド Ｒ．グリフィン（長野敬・宮木陽子訳）『動物の心』青土社（１９９５）
トーマス Ｄ．シーリー（長野敬、松香光夫訳）『ミツバチの知恵 ミツバチコロニーの社会生理学』青土社（１９９８）
佐々木正己『ニホンミツバチ』海遊舎（１９９９）
菅原道夫『ミツバチ学 ニホンミツバチの研究を通し科学することの楽しさを伝える』東海大学出版会（２００５）
水波誠『昆虫―驚異の微小脳』中公新書（２００６）
ローワン・ジェイコブセン（中里京子訳）『ハチはなぜ大量死したのか』文藝春秋 （２００９）
久志冨士夫『ニホンミツバチが日本の農業を救う』高文研（２００９）
久志冨士夫・水野玲子『虫がいない鳥がいない ミツバチの目で見た農薬問題』高文研（２０１２）
藤原誠太『誰でも飼える日本ミツバチ 現代式縦型巣箱でらくらく採蜜』農文協 （２０１０）
ユルゲン タウツ（丸之内棟訳）『ミツバチの世界 個を越えた驚きの行動を解く』丸善株式会社（２０１０）
Thomas D. Seeley "HONEYBEE DEMOCRACY" PRINCETON UNIVERSITY PRESS（2010）

● 著者略歴 ●

尼川タイサク（本名　尼川大作）

1943（昭和18）年生まれ。1972（昭和47）年／九州大学大学院理学研究科・博士課程生物学専攻単位取得満期退学。理学博士（九州大学）。1991（平成3）年／神戸大学教養部教授、1992（平成4）年／発達科学部教授（人間環境学科・自然環境論講座）。2007（平成19）年／定年退職（神戸大学名誉教授）。

専攻は動物行動生理学、神経生物学。

マキノの庭のミツバチの国

2013年8月3日初版第一刷発行

著　　者……尼川タイサク
イラスト……松岡文
発 行 者……内山正之
発 行 所……株式会社西日本出版社
http://www.jimotonohon.com/
〒564-0044　大阪府吹田市南金田1-8-25-402
[営業・受注センター]
〒564-0044　大阪府吹田市南金田1-11-11-202
tel：06-6338-3078　fax：06-6310-7057
郵便振替口座番号 00980-4-181121

編　　集……親谷和枝
デザイン……中瀬理恵（鷺草デザイン事務所）
印刷製本……株式会社シナノパブリッシングプレス

ISBN978-4-901908-79-5 c0045